涂料调色

第二版

周 强 编著

化学工业出版社

·北京·

本书以认识颜色、用数据表示颜色、测定颜色、实际调色操作为主线，从颜色的物理学基础讲起，逐渐深入到颜色表示方法，对颜色属性、加色混合与减色混合、用数据颜色的方法（CIE 1931-XYZ 色度系统）做了系统阐述，还介绍了均匀色空间及孟塞尔表色系统；在此基础上，对颜色的测量原理及测色仪器也作了介绍；最后介绍计算机调色和人工调色方法以及相关技巧。读者通过对本书的学习，既可以掌握涂料行业的计算机调色技能，也能掌握人工调色技能。

本书可作为高等职业院校涂料方向专业的教材及涂料企业调色人员的培训教材，也可供涂料行业的调色人员和相关的工程技术人员参考。

图书在版编目（CIP）数据

涂料调色/周强编著. —2 版. —北京：化学工业出版社，
2017.10（2023.4 重印）
ISBN 978-7-122-30464-3

Ⅰ.①涂… Ⅱ.①周… Ⅲ.①涂料-调色 Ⅳ.①TQ630.6

中国版本图书馆 CIP 数据核字（2017）第 201120 号

责任编辑：刘心怡　陈有华　　　　　　　装帧设计：刘丽华
责任校对：宋　玮

出版发行：化学工业出版社（北京市东城区青年湖南街 13 号　邮政编码 100011）
印　　刷：北京云浩印刷有限责任公司
装　　订：三河市振勇印装有限公司
710mm×1000mm　1/16　印张 12¾　字数 250 千字　　2023 年 4 月北京第 2 版第 6 次印刷

购书咨询：010-64518888　　　　　　售后服务：010-64518899
网　　址：http://www.cip.com.cn
凡购买本书，如有缺损质量问题，本社销售中心负责调换。

定　　价：39.00 元

前言

　　随着涂料行业的蓬勃发展，涂料生产过程中的调色环节显得越来越重要了。各种产品涂装了适当的色漆之后，会给人带来赏心悦目的感觉，产品的附加值也会增加。为了适应涂料行业的发展，笔者在总结多年高职教学经验的基础上，结合在涂料企业的调色工作经历，编写了本书。

　　本书第一版自出版以来，获得读者的欢迎。此次修订保持了第一版的风格特点，结合学生的需求和生产实际，对有关内容作了适当的精选、调整和充实。

　　本书以培养实用型涂料调色人才为目标，在内容选择上以"必需、够用"为度，在知识结构上力求难易结合，合理过渡，紧密衔接。全书以认识颜色、用数据表示颜色、测定颜色、实际调色操作为主线，从颜色的物理学基础讲起，逐渐深入到颜色表示方法，通过对颜色属性、加色混合与减色混合、用数据表示颜色的方法(CIE 1931-XYZ标准色度系统)的讲解，介绍了均匀色空间及孟塞尔表色系统；在此基础上，对颜色的测量原理及测色仪器也作了介绍；最后介绍了计算机调色和人工调色方法以及相关技巧。

　　本书内容深入浅出，通俗易懂，给人以启发。本书可作为高等职业院校涂料方向专业的教材，也可供相关专业技术人员及涂料调色人员学习参考。虽然本书以涂料调色为重点，但其中的调色原理及方法完全可以应用到塑料、纺织印染等行业。可以说，本书既是一本颜色科学的普及性教材，又是一本涂料及相关专业的参考书。

　　本书由顺德职业技术学院周强编著，顺德职业技术学院向元媛老师参与了本书的再版修订；在此书的编写过程中，采用了涉及领域的相关技术数据（附录部分）；本书的修订工作还得到广东省佛山市顺德区阿迪斯装饰科技有限公司安康义总经理的大力支持和帮助，在此一并表示衷心的感谢。

　　由于编者水平有限，加之时间仓促，本书难免有不妥之处，恳请同行和读者批评指正。

编者

2017 年 12 月

目录

第八章 调色操作   141

附录 165

参考文献 193

第一章
色彩的物理基础和属性

第一节　色彩的物理基础

一、光与颜色

在日常生活中人们能看到各种色彩，如蓝蓝的天空、绿色的草原、朵朵白云、鲜红的玫瑰花瓣、绿色的庄稼、黄色的油菜花等。所有这些颜色都是在白天才能看见、分辨的，也就是说只有在光线照射的条件下才能呈现出来。人们还注意到，在太阳光下看见某一物体呈现某种颜色，如果再把它放在白炽灯下（特别是某种彩色灯下），该物体的颜色就发生了改变。于是，人们推断人眼之所以能看到色彩，是由于有光的存在，颜色都是光作用在物体表面后，发生了不同的反应，再刺激人的眼睛后产生的。不同的光会产生不同的刺激，所以眼睛看到不同的物体就会有不同的颜色感觉。

人们把自然界的物体根据其自身能否发光，划分为发光体与不发光体两大类。把本身能发射光谱的物体叫做发光体或光源。长期的实践证明，发光体的颜色决定于它们发射出来的光谱。自然界中大部分物体本身不能发光，称为不发光体。按照物体是否透明，又把不发光体分为透明体和不透明体。在黑暗条件下，人眼是看不见不发光物体颜色的，只有当外来的光线照射在其表面后，它的颜色才能被人眼感知。所以，颜色是光照射到物体表面后的结果。

颜色与电流、密度等普通物理量不同，它不是一个单纯的物理量。对于不透明物体（对于透明物体是透射光），当外来光线照射到物体表面后，发生反射，反射光刺激人眼后，引起视觉神经冲动（或兴奋），再把信号传递给大脑。也就是说当反射光刺激眼睛视网膜后，还要经过一系列的生理活动和心理的反应，才能产生颜色的感觉。也就是眼睛到底感觉到哪种颜色，除了取决于外来照射光、物体表面结构（决定反射哪些入射光）外，还决定于眼睛被反射光刺激后产生的生理反应和大脑产生的心理反应。对于发光体，颜色决定于其发射的光谱所产生的这一系列生理和心理反应。因此，从物理学角度看，颜色是可见光的特征；从生理学角度看，颜色是反射光（或透射光、发射光）对眼睛视网膜的不同刺激；从心理学角度来说，颜色是反射光（或透射光、发射光）刺激大脑后的反应。

二、可见光谱

光是一种电磁波。电磁波有很大的波长范围。根据波长的不同，按波长从小到大的顺序，可以把电磁波分为 γ 射线、X 射线、紫外线、可见光、红外线和无线电波等（图 1-1）。在电磁波谱中，只有波长在 380～780nm 范围内的那一小部分才能使人眼的视觉神经产生冲动（兴奋），才能被人眼感知。人们把这一波长范围内的电磁波叫做可见光，可见光谱见彩图 1。

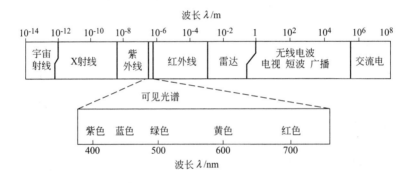

图 1-1　电磁波谱及其中的可见光谱

在日常生活中，不论是自然光源（如太阳）还是人工光源（如电灯、蜡烛），它们发出的光都是连续的电磁波，不过，只有其中波长在 380～780nm 范围内的那部分电磁波才能引起视知觉，其余波长的电磁波人眼是感觉不到的。

（一）光的色散

人们常说的太阳光，是指太阳发射的电磁波谱中，能被人眼感知的那部分，是一段连续光谱，常被称为白光。其实，可见光中，每一种波长的光都有各自的颜色，所以白光是由多种颜色的光混合而成的，而且人们还可以通过一定的办法把白光中的各种色光分解出来。把白光分解成各种色光的过程叫做光的色散（图 1-2、彩图 2）。白光经色散后，色散光会按波长从大到小的顺序排列成红色、橙色、黄色、绿色、青色、蓝色、紫色的彩色光带，叫做色散光谱。当然，不同种类的白光（如太阳光、烛光、灯光），其光谱组成也不同。

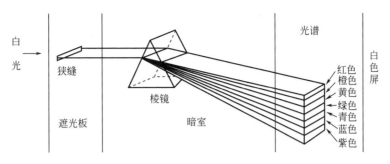

图 1-2　光的色散示意

（二）单色光与复色光

可见光谱中每一种单一波长的光，都具有各自的颜色，把这种具有单一波长不能再分解为几种颜色的光叫做单色光。因为可见光谱的波长是连续的，那么光谱的颜色变化也是连续的，呈逐渐过渡状态。人眼对色光颜色的分辨能力有限，通常情况下，眼睛看起来是同一种颜色的光，实际上还是一定波长范围内的光谱。所以，平常意义上的单色光，并不是严格意义上的单色光。于是，人们就引入了单色光单色性的概念，用来描述单色光的纯度。

由两种或两种以上的单色光混合而成的光叫做复色光。复色光中含有多种（波长的）单色光，例如，太阳光、灯光、烛光、火光等。通过一定的方法（用棱镜、光栅等分色器）又可把复色光分解成单色光。

三、光度学基础

（一）辐射通量

从能量角度看，光是一种辐射能，是沿着光的传递方向进行传播的能量流。在日常生活中，人们常说的"明亮"一词，是定性描述，只能在不严密的情况下使用。例如，激光很"亮"，但不能把它用于室内照明，因为它不具有充足的亮度。又如，用几支和一支荧光灯分别照明同一空间，所获得的亮度是不同的。如同人们用密度（单位体积物质的质量）来衡量物质的轻重一样，光的明亮程度也要用立体角、面积等物理量规格化以后才便于衡量。把定量地测定光的明亮程度的科学叫做光度学（photometry），由光度学得到的规范化的明亮度量叫做光度量（photometric quantity）。

光度量都是用对应的辐射量乘以光谱光视效率得到的，光源在单位时间内所辐射出的总能量称为辐射通量。

（二）光谱光效率函数

光对人眼所引起的视觉强度，不仅与光的能量大小有关，还与光的波长有关。

不同波长的可见光，即使辐射能量相同，但人眼看上去明暗程度是不同的。换句话说，就是人眼对不同波长的光的视觉灵敏度不同。把用来度量可见光所引起视觉能力的量，叫做光谱光效能。单一波长可见光的光谱光效能与波长为 555nm 的绿色光的光谱光效能之比，叫做该波长的相对光谱光效率。正常人眼在昼光下对波长为 555nm 的绿光最敏感，此时的可见度达到最大值，把其相对光谱光效率函数（V_λ）定义为 1。其他的单一波长的色光再与它作比较，就可得到相应的光谱光效率函数 V_λ 值。

1964 年国际照明委员会（CIE）对各波长色光的可见度进行了测定，获得了正常人眼的标准白昼视觉光谱光效率函数。以波长为横坐标，以 V_λ 值为纵坐标，就可获得光谱光效率函数曲线，见表 1-1 与图 1-3。

表 1-1　标准白昼视觉的光谱光效率函数值

λ/nm	V_λ	λ/nm	V_λ	λ/nm	V_λ
400	0.0004	530	0.862	650	0.107
410	0.0012	540	0.954	660	0.061
420	0.0040	550	0.995	670	0.032
430	0.0116	555	1.000	680	0.017
440	0.023	560	0.995	690	0.0041
450	0.038	570	0.952	700	0.0032
460	0.060	580	0.870	710	0.0021
470	0.091	590	0.750	720	0.00105
480	0.139	600	0.631	730	0.00055
490	0.208	610	0.503	740	0.00025
500	0.323	620	0.381	750	0.00012
510	0.503	630	0.265	760	0.00006
520	0.710	640	0.175		

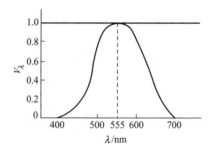

图 1-3　标准白昼视觉的光谱光效率函数曲线

四、光度学有关物理量

（一）光通量和光能量

光源在单位时间内发出的光能量大小称为光通量，光通量是时间的函数，常用

$\Phi(t)$ 来表示。从另一个角度来说，能引起人眼视觉的辐射通量，就称为光通量或光功率。

光能量定义为光通量与时间的乘积，单位是流明·秒（lumen second），符号是 lm·s。光通量是时间的函数，所以光能量可定义为：

$$Q = \int \Phi(t) \mathrm{d}t \tag{1-1}$$

（二）发光强度和面发光度

光是一种辐射能，所以各种光源所发出的光能都有一定的强度。这种光能的强度，过去是以标准烛光为计算单位的，即以点燃一种特制的鲸油蜡烛，把它沿水平方向的发光强度定义为基数——1 烛光。自然光照明中，其光强度不是一成不变的，在不同季节、不同时间、不同气象条件、不同高度，光强度都不相同。

发光强度表示光源发光强弱的特性，例如，太阳光要比电灯光强，电灯光要比煤油灯光强。光源在指定方向上单位立体角内所通过的光通量定义为光源在此方向上的发光强度，即：

$$I = \frac{\mathrm{d}\Phi}{\mathrm{d}\Omega} \tag{1-2}$$

式中，Ω 为立体角，单位是球面度（steradian），符号是 sr。定义是在半径为 r 的球面上面积为 r^2 的面元对球心的张角为 1sr。对于整个球面，面积是 $4\pi r^2$，所以整个球面的立体角为 4πsr。

发光强度的单位是坎德拉（candela），符号是 cd。发光强度的定义可用图 1-4 来表示。

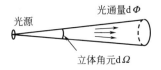

图 1-4　发光强度定义的图解

从发光度的定义可推知，它不只局限于自身发光的光源，还包括自身不能发光，但是受光源照射后因反射光变成的间接光源，也称为第二光源，第二光源的发光度决定于其被照明的程度。

（三）照度与亮度

当一个物体被光源照射时，它被照明的程度与照射到表面上的光通量和被照面积的大小有关（图 1-5），照度在数值上等于单位面积上所接受的光通量。

亮度一般是针对光源而言的，也可以扩展为自身不发光而被外部光源反射或透射的表面。要衡量表面的反光能力，可以用发光强度这个物理量。但是要比较两种不同类型光源的明亮程度时，就要用到亮度这一物理量。亮度表征的是在单位面积上的发光强度，即：

$$L = \frac{\mathrm{d}I}{\mathrm{d}S} \qquad (1\text{-}3)$$

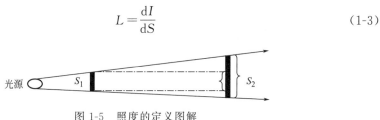

图 1-5　照度的定义图解

亮度的单位是坎德拉每平方米（cd/m²）。式(1-3)中的面积是指一个在观察方向上的正投影面积。当观察方向与该面的法线夹角为 θ 时，亮度定义为：

$$L = \frac{\mathrm{d}I}{\mathrm{d}S\cos\theta} \qquad (1\text{-}4)$$

所以，光源的亮度的严格定义是在表面某一点处的面元在给定方向上的发光强度与该面元垂直于给定方向的平面上的正投影面积之比，如图 1-6 所示。

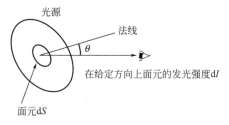

图 1-6　亮度的定义图解

亮度与照度是不同的两个概念，亮度是指光源（包括间接光源）表面发射光强的度量，照度是指光源照射下某表面接受的光通量多少。被光源照射的表面（间接光源）的亮度与被照面的照度成正比，也就是被照射物体表面的亮度大，是因为被照面上所受到的照度大导致的。

第二节　色彩的属性

在五彩缤纷的自然界中，色彩众多。人们经常需要对颜色进行认识、区分、辨别、信息传递和比较。如前所述，色彩虽然是一种自然现象，但又不是一个单纯的物理量，不能用一般的量、质来进行衡量，所以，人们就遇到一个比较复杂的问题。为解决这一难题，国际上统一规定了用于区别不同色彩的三个特殊物理量：色调、明度和饱和度。色调、明度和饱和度称为色彩的三属性。

色调：用来区别色彩的名称。用符号 Hue 表示，简写为 H。

明度：用来表征色彩的明暗性质。用符号为 Value 表示，简写为 V。

饱和度：用来表征色彩的纯度，也就是色彩的饱和状态，用符号为 Chroma 表示，简写为 C。

可以把自然界中物体表面的颜色划分为两类。一类是消色，它对入射光进行非选择性吸收（对各波长的入射光都进行等比例吸收）后，再把剩余的入射光反射到人眼中，就产生了消色的视知觉。所以，各种消色之间只有反射光多少的差别，也就是明度差别，没有色调和饱和度的区别。能把入射白光全部反射的表面，呈现白色；按等比例无选择地吸收一部分入射光线的表面，在白光下呈现各种灰色；能把入射光线全部吸收的表面，呈现黑色。另一类是彩色，它们是物体表面对入射光进行选择性吸收（对各波长的入射光的吸收比例不同）后的结果。各种彩色之间，除有明度差别外，还有色调与饱和度的差别。

所谓的消色就是指黑色、白色、灰色的物体对光源照射到物体表面的光谱成分不是被有选择地吸收与反射，而是等量吸收和等量反射各种入射光谱成分，这些物体看上去便不是彩色的。对各种光谱成分全部吸收的表面，看上去是黑色的；反射全部入射光的表面，看上去是白色的；等量吸收一部分，等量反射一部分的表面，则是灰色的，根据反射部分占入射光谱光通量的比例大小，又可以把灰色分为明灰色、灰色、暗灰色。

消色在生活中的色彩搭配和视觉效果上有很积极的作用，它和任何色彩搭配在一起，都显得和谐、协调，能收到令人满意的色彩效果。此外，由于消色是无彩色，它与任何彩色配置在一起，均可通过对比而使该彩色的色彩特征表露得更加鲜明。

一、色调

色调又叫做色相、色别或色名。它是色彩最主要的特征，是一种颜色不同于另一种颜色的主要区别。例如，红色、绿色、蓝色、青色、品红色、黄色等，只要知道其色调，人们的大脑中就会立刻呈现不同的颜色。当然，色调不只是这几种。这些色彩之间的相互混合，还能产生一系列其他色彩，如橙黄色、蓝绿色、黄绿色、青紫色、红紫色等。认识色调的能力，是准确地鉴别色彩和表达色彩的关键。

（一）色调的意义和表示方法

人眼对可见光谱中不同波长的光具有不同的颜色感知，这就是各种波长的光具有的特定颜色。如果把一定波长的光或另一些不同波长的光混合，就会产生更多的颜色感知，呈现出不同的色彩表象，这些表象就称为色调。

颜色的色调是由刺激眼睛视网膜的光的光谱成分所决定的。单色光的色调完全是由其波长决定的，对于复色光，色调除取决于混合光的波长外，还与各波长光的光通量混合比例有关。至于可见光谱中不同波长的光混合，以及按不同光通量比例混合后获得哪种色调的复色光，将在后续章节中作详细介绍。值得注意的是，颜料、染料和色光的混合原理是不同的，而且其色泽纯正性也是无法与光谱色相比拟的。

同种色调的光，其光谱组成不一定相同。换句话说，就是不同光谱组成的光，可能产生同种视觉效果（同种色调）。

（二）人眼对色调的辨别能力

人眼的视网膜受到不同波长的色光刺激后，经视觉通道把信息传递给大脑，就产生了不同的颜色视觉。但是可见光谱中不同波长色光刺激人眼视网膜中的感色细胞后，产生的兴奋程度不同，也就是产生颜色感知的敏感性不同。在可见光谱中，波长在494nm附近的青绿色光和585nm左右的橙黄色光，只要波长变化1～2nm，正常人眼就能感觉到是两种颜色的光（正常人眼能辨别出494nm的光和495nm的光是两种颜色的光）；在绿色光谱段，波长要变化3～4nm后，才能感觉到颜色变化；对于可见光谱两端的蓝紫色光谱段和红色光谱段，波长变化几纳米后，人眼根本感觉不到颜色的变化，也就是人眼对这些区段的光谱颜色的辨别能力很差。特别是波长在655～780nm和380～430nm这两段波谱中，尽管波长变化了很多，人眼几乎感觉不到颜色的变化。把人眼能感觉到这种颜色变化的最小波长变化叫做颜色辨认阈限。人眼对可见光谱各段的颜色辨认阈限如图1-7所示。

一般正常人的眼睛可以从可见光谱中分辨出100多种色调，另外，自然界中存在、但可见光谱中没有的谱外色大约有30种。实际上有经验的调色、染色工作者能区分的色调要比这些多得多。

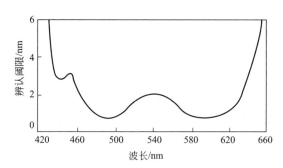

图1-7　人眼对可见光谱各部位颜色辨认阈限

二、明度

自然界中色调相同的颜色很多，如果它们对入射光波的反射率、透射率（对于光源是辐射光能量）不相等，那么它们在人眼中产生的颜色感觉也不相同。用于定量地描述这种区别的物理量，就是颜色的明度。明度表征的是人眼感觉到的颜色的明暗程度。色光颜色的明度大小，决定于光源辐射光能量大小。物体表面颜色的明度，决定于表面对入射光线反射率、透射率的大小。色光颜色的明暗程度常用亮度来表示，明度常常是针对非发光物体的表面颜色而言的。

明度是指不发光体表面颜色的明暗程度，任何色彩都有自己的明暗特征。入射光能量一定时，物体表面对入射光的反射率越大，反射光对视觉刺激的程度越大，看上去就越明亮，这一颜色的明度就越高。明度可以说是色彩的骨架，对色彩的结构起着关键性的作用。

（一）明度的意义和表示方法

在可见光中，各种色光看起来明暗程度并不相同，黄色、橙色、绿黄色的明度较大，橙色明度大于红色，蓝色和青色较小，显得暗些。

物体颜色的明度是物体对各种色光反射率大小的反映，也是各种颜色在明暗程度上接近白色与黑色程度的体现。颜色越接近白色，其明度就越大；越接近黑色，其明度就越小。颜色明度的大小，取决于人眼所感受到的颜色反射光的辐射能大小，所以，明度可用反射率来表示。

明度是颜色明暗程度在人们视觉上的反映，与亮度不同，亮度决定于发射光谱的光通量，明度除与入射光有关外，还决定于物体表面对入射光的反射特性。

（二）人眼对明度的辨别能力

颜色明度的变化，本质上就是人眼所感觉到的刺激视网膜的光通量（对光源是发射光，对不发光体是反射光或透射光）大小变化，在人眼视觉上就是明暗程度的变化。只要这种变化达到 1%，眼睛就能感觉到变化。所以，人眼对颜色明度的变化显得非常敏感。要判断某一局部的明度大小，必须观察这一地方，但是因眼睛对光有适应性，所以要准确确定某一颜色的绝对明度并不十分容易。

影响人眼对颜色明度分辨能力的因素还有颜色所处环境的被照射程度。当环境的照度很大时，环境反射的光很强，刺激眼睛后，感觉一片白，很难精确分辨颜色的明度差别。当然，环境照度很低时，眼睛对明度分辨能力也很差。所以，只有当环境的照度适中时，人眼的对颜色明度分辨能力才最大，如图 1-8 所示。

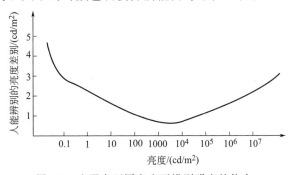

图 1-8　人眼在不同亮度下辨别明度的能力

黑白之间可以形成许多明度台阶，人的最大明度层次辨别能力可达 600 个台阶左右。明度已确定有 11 个等级，从白色一直过渡到黑色，如图 1-9 所示。普通使用的明度标准大都为 9 级左右。

图 1-9 明度过渡示意

在实际调色工作中，很难准确地判断一种颜色与另一种颜色之间的明度差别，特别是对比较接近的颜色。例如，对于亮橙色与暗紫色、亮黄色与暗蓝色，人们可以轻易地判断它们之间的明度差别，但如同两种接近的紫红色一样，实际调色时会遇到很多色彩，难以确定它们之间的明度差别。这个问题是涂料调色、印染等工作者们的难题之一。因为目标颜色的明度值大小，直接决定了选择哪些颜料或染料（有时选择不同的颜料、染料组合可获得同一种色相但明度不同的颜色）、用量多少。

三、饱和度

颜色的饱和度又叫做色纯度、彩度或艳度，是指物体显色表面反射或透射的光线的颜色接近光谱色的程度。如果某颜色表面的反射光（或透射的光）越接近光谱色，那么它的饱和度就越高。如果在某种波长的光（饱和度最高）中混入别的色光，混合光的饱和度肯定低于原色光；同样，调色时，如果在某种纯色颜料中加入其他颜色的颜料，其饱和度就会降低，而且颜料种类混得越多，混合色的饱和度越低。

颜色的饱和度越高，色彩就显得越艳丽，越能发挥其色彩固有的特性。当色彩的饱和度降低时，其固有的色彩特性也随之被削弱和发生变化。比如，红色和绿色搭配在一起，往往具有一种对比效果，但是只有当红色和绿色都呈现饱和状态时，其对比效果才比较强烈。如果红色和绿色的饱和度降低，红色变成浅红色或暗红色，绿色变成淡绿色或深绿色，把它们仍搭配在一起，那么相互对比的特征就减弱，趋于和谐。

饱和度和明度不能混为一谈。明度高的色彩，饱和度不一定高。如浅黄色明度较高，但其饱和度比纯黄色低。颜色变深的色彩（即明度降低），饱和度并不提高。如红色中加黑色后成为暗红色，它的饱和度也降低了。例如，在摄影中，颜色受到强光的照射，明度提高，但色彩的饱和度降低；颜色受光不足，或处在阴影中，它的明度降低，饱和度也降低。

（一）饱和度的意义和表示方法

颜料与染料着色物体表面所显示颜色的饱和度，是由表面对入射光谱的选择性吸收后反射光谱的辐射决定的。如果某一被着色物对入射光谱中某一较窄波段的光反射率较高，而对其他波长的反射率却很低或没有反射，这就说明该物体表面有很高的光谱选择性，这种颜料或染料所显颜色的饱和度就很高；如果被着色表面不仅能反射某一种色光，还能反射其他一些色光，那么，这种颜料或染料所显颜色的饱和度就低。其实可以把用颜料或染料着色物体表面反射的光看成由白光和色光两部分，如果其中色光所占比例越多，白光越少，那么此颜色的饱和度就越高。反之，若白光所占比例越大，则该颜色的饱和度就越低，如图 1-10 所示。

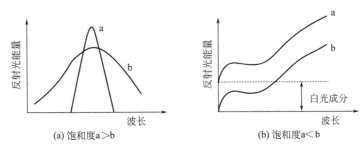

(a) 饱和度 a＞b　　　　　(b) 饱和度 a＜b

图 1-10　不同颜色的饱和度对比

根据饱和度的定义，自然界中饱和度最大的颜色，就是在可见光谱中的各种单色光的颜色，人们习惯称为光谱色。要描述颜色的饱和度大小，可用其白度的倒数来表示。

（二）人眼对颜色饱和度的分辨能力

光谱色的饱和度最高，因为消色对入射光无选择地吸收和反射，所以它的饱和度为零。那么，在相同明度同一色相的颜色中，从饱和度最大（光谱色）到饱和度最小（消色）之间，眼睛能分出多少个级别呢？仔细观察就可发现，这种可分辨的级别随着色相的不同而不同，也就是说对于各种色相的颜色，在明度相同的情况下，从光谱色到消色之间，人眼能分辨出的饱和度等级数量是不相等的，最多的能分出 25 个等级，最少的只能分出 4 个等级，如图 1-11 所示。

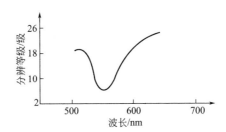

图 1-11　从消色到光谱色能分辨的饱和度级数曲线

四、颜色三属性的相互关系

要完整地描述、表达某种颜色，必须说明其色相、明度、饱和度三种属性。因此，这三种属性相互联系，彼此影响。只说明其中一种或两种属性的颜色，不是指定一种颜色，而是指一类颜色（或者叫做一个颜色群体）。颜色的三种属性都只有在环境亮度（照度）适中时才能充分体现。当环境亮度低时，颜色显得很暗，呈暗色，这时人眼就很难辨别出颜色是哪种色相及其饱和度等级；当环境亮度很大时，眼睛受到刺激的程度已经达到了极限，呈现一片白色，也无法分辨出颜色的属性。只有环境处于中等亮度（1000cd/m²）时，人眼对颜色的各种属性分辨能力才最强，这时能分辨出10000种左右的颜色。颜色的三种属性，可用图1-12～图1-14来表示。

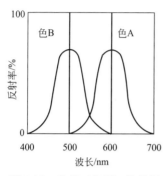

图 1-12 色相（色调）的差别

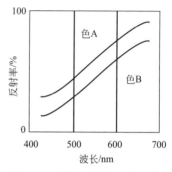

图 1-13 明度不同的两种颜色

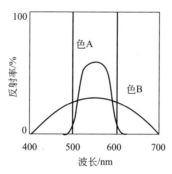

图 1-14 饱和度的差异

　　为了便于读者理解，颜色的三属性还可以用理想立柱来表示，如图1-15所示。图中立柱高低表示反射率大小，横坐标表示反射光谱的波长。第一行表示的是反射波长不同的颜色A、B、C、D的色相不同。第二行表示四种颜色色相相同，但反射率大小不相等，即这四种颜色明度不同，它们的明度高低顺序是：A>B>C>D。第三行表示四种颜色色相相同，明度也相同，但饱和度不同，因为反射光中白光的比例不同，它们的饱和度高低顺序为A>B>C>D。第四行表示四种彩色，从A到D，它们的饱和度逐渐增大（因为混入的别的颜色比例越来越小）。第五行表示四种消色，从A到D，它们的明度逐渐降低。

五、色彩的感情

　　自然界中不同的色彩，能给人们不同的感受与联想。例如，当人们看到早晨的

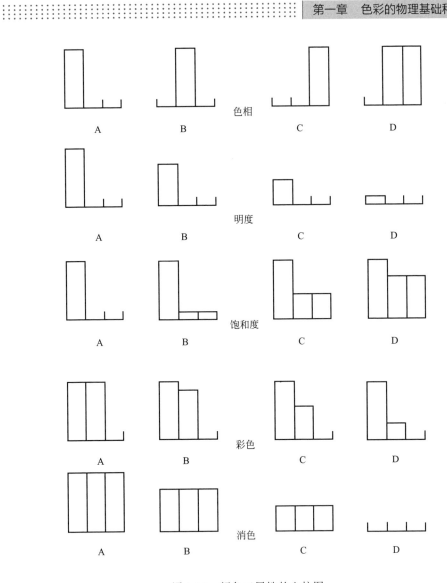

图 1-15 颜色三属性的立柱图

太阳，会引起温暖、兴奋、希望与活跃的感觉，红色也很容易使人们产生振奋的感情。当人们看到一片绿野，总有恬静、舒适之感，所以绿色能使人产生一种闲雅、喜爱的情感等。人们把这种对色彩的感觉所引起的情感上的联想，称为"色彩的感情"。

但是，对于色彩的感情，不能看得过于绝对化。因为色彩的感情是从生活中的经验积累而来，由于国家的不同、民族的不同、风俗习惯的不同、文化程度和个人艺术修养的不同，对色彩的喜爱可能有所差异。色彩心理感应与社会因素有关，有人类共性的一面，又有民族、地域差异，还会随时间变化而变化。如中国皇家专用色彩为黄色；罗马天主教主教穿红衣；伊斯兰教偏爱绿色；喇嘛教推崇正黄；中国传统婚礼服色是大红色，而欧洲婚礼服色是白色；传统上，中国人不太喜欢黑色，而日耳曼民族却深爱黑色。

此外，色彩还有一定的象征意义。如红色象征革命、斗争、热情；绿色象征和平、自然、生命；蓝色象征忧郁、纯洁、宁静、梦幻等。下面具体以几种颜色为例进行说明。

（一）红色

红色是具有强调性的色彩，是表现勇气和信念的颜色，长时间注视红色会加速肾上腺激素在血液中的循环。红颜色能刺激食欲，提高谈话的兴致，具有异乎寻常的吸引力，它能在居室中营造强有力的视觉中心。它属于暖色调，会使人们联想到太阳、烈火、热血，容易使人个性奔放，容易引起他人的注意，同时它也易使人产生冲动、兴奋、紧张等感觉。

1. 红色加黄色

会使人联想生活中常见的颜色，如甜橙、土豆条、晚霞等的颜色，能给人食欲大增的感觉，使人感到温暖、愉快、幸福。

2. 红色加蓝色

这种颜色会使人联想到美丽的丁香花。实际上，红色加上蓝色，会得到不同种类的紫色。紫色代表高贵、庄重，浅紫色显得温和、柔美又不失活泼和娇艳。

3. 红色加黑色

红色和黑色相加，会得到如同（红）玫瑰花所表现出来的颜色，这种颜色趋于厚重、朴实、沉稳。

4. 红色加白色

红色和白色相加，使人们会很自然地想到月季花、桃花淡红的颜色，这种颜色趋于含蓄、娇嫩、柔和。

（二）黄色

黄色是所有颜色中最具反射力的颜色，使人欢快和振奋。同红色一样，能加快人的新陈代谢，所以常被配成适当的色调用于厨房和餐厅。黄色也是中国帝王的御用颜色，因此象征理智和振奋的精神。它属于暖色调，是最明亮的颜色，使人联想到权力和财富、富贵，给人快乐、明朗又充满希望的感受。黄色加绿色，会得到像柠檬一样的颜色，能给人湿润、清新的感觉。

（三）蓝色

蓝色无疑是最受欢迎的颜色，由于对天空和海洋的联想，用在宽广的平面上给人一种自然的感觉。会唤起平和和静谧的情调。蓝色又具有时尚感，容易融入高科技的设计。东方文化相信，蓝色是一种永恒不朽的色彩。它属于冷色调，会使人联想到天空、大海、湖泊，给人清凉、流动、深远的感觉。

（四）绿色

绿色对眼睛和心情有一种镇静作用，有助于排遣烦躁的情绪，集中注意力。在多色调的居室里，绿色常能起到和解色的作用，构成出色的背景和点缀。绿色是最适合用于室内的颜色，充满着大自然的气息，使人联想到草原、春天，它是大自然的主色调，给人愉快、轻松、希望、稳重的感觉。

（五）紫色

紫色曾经是代表了西方教会的颜色，罗马教皇和贵族对紫袍珍爱有加。它的那份神秘尤其受到东方人的青睐。心理学上的紫色是一种内心化的色彩。紫罗兰色和紫红色通常用于点缀色，而浅紫色的大平面配合效果最好。紫色代表着高贵、典雅、神秘，淡淡的紫色则充满了优雅的娇气。

（六）白色

在中国，它是哀悼的颜色，在西方意味着纯洁和全新的开端，同时它是所有色彩的起点。白色在光学里是由所有的光混合而成，所以它显示多重的个性。它既能表现冷峻无生气，又能表现洁净和耳目一新。它属于冷色，会使人联想到白雪、婚纱、医院，给人一种明亮、清白、纯洁的感觉。它是一种很随和的颜色，可以和各种颜色混合产生新的颜色。

（七）黑色

黑色是经典的颜色，它在居室装潢中像在时装界一样不失为基本构成要素。黑色不算是彩色，但是却像真实的彩色那样对居室的情调和空间比例起着作用。黑色象征死亡和邪恶，同时又隐喻优雅和高贵。设计师最常用黑色的不同比例来表现层次。它属于暖色，会使人联想到黑夜，给人黑暗、悲哀、沉重的感觉。同时它也是一种很随和的颜色。

另外，主色调确定后，辅以不同的背景色，可以得到不同的效果。例如，黄色为背景，配以粉红色、红蓝色，显得活泼可爱、年轻开朗、天真无邪；以粉色为背景，配以黄色、蓝色、紫色，给人以浪漫感觉；以蓝色为背景，配以紫色、绿色，给人在月光底下的感觉，使人不自觉地感觉到一丝凉意；以黑色或灰色为主色调，搭配黄色、红色、紫色等颜色，显得高贵和雅气。

第三节　颜色的粗略表示方法

在日常生活中，人们看到的颜色千差万别，非常丰富。仅在可见光谱中，人眼就能分辨出 100 多种不同的色相，而且每种色相的颜色，并不就是一种，而是一类，因为色相相同的颜色，还有明度的高低与饱和度的大小差别，所以这一类是由若干种颜色组成的。面对这成千上万种颜色，人们在交流、表达和传播信息时遇到了困难，总想找到定性、定量描述颜色的方法。

对各种颜色进行命名，就是最通俗的一种表示方法。这是一种定性的方法，只能粗略地、不十分准确地表达和传递信息，但是，在人们的生活中也起到十分重要的作用。颜色的色谱表示法也是一种非定量表示法，但人们在调色、配色等工作中也常常使用。颜色的光谱表示法虽然实现了对颜色的定量描述，但一种颜色可能会对应于多种光谱组成，也就是说颜色与分光光度曲线之间不能构成一一对应，而且在实际应用时，也只能是对颜色的粗略判断，并且不十分方便。要方便地、定量地描述、表示颜色，在后续章节中将会介绍。

一、颜色的命名

颜色的命名，可分为系统命名法和习惯命名法两类。

（一）色彩的系统命名法

1. 消色类的系统命名规则

消色名称由色相修饰语加上消色基本颜色名称构成。

色相修饰语分为"带红的"、"带黄的"、"带绿的"、"带蓝的"、"带紫的"五种。

消色的基本色名分为"白色"、"明亮的灰色"、"灰色"、"暗灰色"、"黑色"五种，实际上是从白色到黑色，分成了 5 个等级。

消色命名举例。例如："带蓝的"加上"明亮的灰色"就得到了"带蓝的明灰色"；"带黄的"加上"暗灰色"就得到了"带黄的暗灰色"等。

2. 彩色类的系统命名规则

彩色名称由色相修饰语加上明度及饱和度修饰语再加上彩色基本颜色名称构成。彩色的色相修饰语和消色类相同，明度和饱和度修饰语用图 1-16 表示。

彩色的基本颜色名称分为"红色"、"黄红色"、"黄色"、"黄绿色"、"绿色"、"蓝绿色"、"蓝色"、"蓝紫色"、"紫色"、"红紫色"10 种。例如，"带红的"加上"暗灰"再加上"紫"就得到了"带红的暗灰紫"这种颜色名称。

在进行彩色实际命名时，要注意色相修饰语有一定的适用范围，不能随意搭配。人们把红色、黄色、绿色、蓝色、紫色几种主色调按一定的顺序和规律排列在一个环上，就得到色相环，如图 1-17 所示（彩图 3）。

色相修饰语只能修饰色相环中相邻的两种主色调和由这种颜色与相邻两种颜色混合产生的混合色，一般不能修饰相反色相（补色色相）和相同色相的基本色名，如图 1-18 所示。例如带黄的蓝色、带绿的红色实际并不存在，也没有带绿的绿色这种说法。

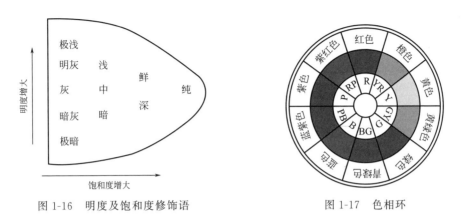

图 1-16　明度及饱和度修饰语　　　　　　　图 1-17　色相环

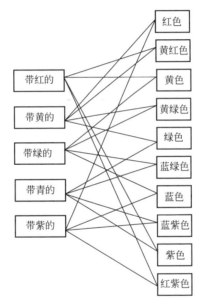

图 1-18　色相修饰语与基本色名的搭配

（二）颜色的习惯命名法

颜色习惯命名法没有统一的规律，不如系统命名法科学、合理，但是在日常生活中常用。颜色的习惯名称是人们在长期的生活和生产过程中逐步积累起来的，是对一种用非常熟悉的物体颜色的提炼，然后用于描述某种颜色。一个民族的历史越悠久，文化越发达，用于描述颜色的通俗名称就越丰富。虽然用习惯命名颜色大多是含糊不清的，但是因人们常用，在民间有深厚的基础，对人们的认识影响较深，所以，至今颜色的习惯命名应用远比系统命名法名称要广泛得多。

颜色按习惯命名法命名，常见的有下列几种形式。

（1）用花、草、树木、果实的颜色来命名。例如桃红、玫瑰红、枣红、橘红、橘黄、橙黄、豆沙棕、谷黄、荷叶绿、竹叶绿、草绿、葱绿、苹果绿、橄榄绿、檩紫等。

（2）用动物（局部）的特色颜色来命名。例如鹅掌黄、孔雀蓝、蟹青、鼠背灰、鸽灰等。

（3）用天、地、日、月、星辰、山水、金属、矿石的颜色来命名，例如金黄、土黄、翠绿、水绿、石绿、松石绿、石青、天蓝、钛白、钴锌白、钡白、月灰、银灰等。

（4）用颜料或染料颜色的名称来命名。例如甲基红、靛蓝、溴酚蓝等。

（5）用形容色调的深浅、明暗等形容词来搭配命名。例如朱红、鲜红、老黄、嫩黄、明绿、蓝绿、暗蓝、紫灰等。

（6）用古今文言中常用的一些抽象名词或形容词来命名。例如满天红、枯绿等。

（7）用习惯称呼的颜色名称来命名。例如妃红、肉色、紫绛等。

（8）用地域流传广泛、使用最多的地方名称来命名。例如土耳其红、刚果红等。

二、颜色的色谱表示法

在人们的日常生活和生产活动中使用的色谱有多种，如普通色谱、彩色印刷网纹色谱、涂料行业中常用的千色卡、中国建筑色卡、印染行业常用的 ICI 颜色图谱、DF 色卡等，这里只介绍普通色谱，对于千色卡和中国建筑色卡将在调色实际操作时介绍。

如果用一定的符号或数据来表示颜色，更能反映颜色的特征，要比用名称表色来得更准确一些，符号或数据不但比较系统化，而且有规律可循，可推测颜色的变化趋势及其程度，对颜色的信息传递、实际应用能起更大的指导作用。

颜色的色谱表示法就是一种用基本色分量来表示颜色的方法。通常以某些颜料的颜色为基本色相，并按一定比例和形式编排后，构成一个含有一定数量颜色的色块集。把有规律排列起来的颜色图样，叫做色谱。色谱中的每一块颜色都能标出所含各种基色的多少，还能给多数颜色冠以人们易于理解并接受的习惯名称。

色谱是对颜色的一种通俗易懂、直观的表示法（能以实际色块作参考色样）。因此，在调色、染色、广告设计等大多数需用颜色来控制生产及鉴别产品质量的场合，用色谱法来表示颜色的应用十分广泛。

但是，由于现有颜料的颜色不齐全（并不是色相环中所有颜色都有颜料与之对应），而且色谱在实际制作时存在很多困难（一些技术问题），所以色谱不能把自然界的所有颜色都表达出来，而且对有些颜色的表达还不够精确。

中国科学院在 1957 年曾经出版过一部色谱。该色谱分为彩色类和消色类两部分，彩色部分用罗马数字Ⅰ～Ⅷ分别表示黄色、橙色、红色、品红色、紫色、蓝色、青色、绿色 8 种基本色。把每一种基本色，由浅至深划分为 7 个等级，由两种基本色构成一页色谱：一种色在横向作从小到大的变化；另一色在纵向作从小到大的变化，每一页包含 $7 \times 7 = 49$ 种色块。

表 1-2 表示的是由黄色和橙色两种基本色配合组成的一页。其中，有些颜色已经命名，没有命名的颜色可用编号来表示，而且根据编号就可以推知其颜色所在的大致范围。例如 $11'$ 所表示的颜色明度最大，$77'$ 表示的颜色明度最小，$71'$ 表示的颜色最接近黄色，$17'$ 表示的颜色最接近橙色。

消色部分，按从明度最大到最小，分成 14 个级别。

表 1-2　黄与橙两基本色的配合

		黄色					
		1	2	3	4	5	6	7
橙色	1′	乳白	杏仁黄	茉莉黄	麦秆黄	油菜花黄	佛手黄	迎春黄
	2′			篾黄	葵扇黄	柠檬黄	金瓜黄	藤黄
	3′		酪黄	香水玫瑰黄	浅蜜黄	大立黄	素馨黄	向日葵黄
	4′					鸭梨黄	黄连黄	金盏黄
	5′		蛋壳黄	肉色		鹅掌黄	鸡蛋黄	鼬黄
	6′				榴萼黄	浅橘黄	枇杷黄	橙皮黄
	7′		北瓜黄		杏黄	雄黄	赭菊黄	

该色谱中，共包含了消色与彩色两部分 1631 种颜色，其中有 625 种颜色已经命名，其余的用数字编号表示。

这里对中国颜色体系作简要介绍。在中国颜色标准化技术委员会的主持下，于 1988 年开展了中国颜色体系（Chinese colour system，CCS）的研究，至 1994 年基本完成了中国颜色体系理论和《中国颜色体系样册（colour album of Chinese colour system）》的编制工作，该体系已成为中国颜色基础国家标准。

中国颜色体系参照国际通用的颜色三维属性即色调、明度和彩度进行标定，由无彩色系和有彩色组成，并用颜色立体表示。无彩色系由白色、黑色和由白色与黑色按不同比例混合成的灰色组成，统称为中性色（也叫消色），以符号 N 表示。中性色只有明度变化，用符号 V 表示，无色相和饱和度的变化，是一维的体系，形成了颜色立体的中央轴。CCS 把明度轴分成 $0 \sim 10$ 共 11 个知觉上等间隔的等级，并把辐亮度因数为 100 的理想白定义为明度 $V = 10$，把辐亮度因数为 0 的绝对黑定义为 $V = 0$。

CCS 的有彩色系由色相、明度和饱和度这三属性表示。色相以符号 H 表示，其色相环包括红色（R）、黄色（Y）、绿色（G）、蓝色（B）、紫色（P）5 种主色调，并把红色作为色调环逆时针方向的起点，这样使中国颜色体系的色调表示方法与 CIE 色度图的形式一致。在相邻两主色中间的颜色称为中间色，包括黄红色

（YR）、绿黄色（GY）、蓝绿色（BG）、紫蓝色（PB）、红紫色（RP）5 种颜色。由 5 种主色和 5 种中间色共组成 10 种基本色，各占色相环的 10 等分。为了对色相做进一步的细分，又对每种基本色再进行十进制划分，并用数字加上对应色的字母来表示各种色调，如 5R、10Y 等，其中，5 种主色调在 CIE LAB 均匀颜色空间中的分布基本上是均匀的，这也与目前国际上广泛使用的孟塞尔颜色系统所规定的主要色调基本一致，便于交流。同时，这 5 种主色调符合人们的日常习惯，具有普遍适应性，易于接受并方便应用。

彩度即颜色饱和度的变化，也就是表示具有相同色相的颜色离开中性灰色的程度（距离大小），用符号 C 表示。饱和度分成许多知觉上等距的级别，并以颜色立体的中心轴（对应中性色）的彩度为 0，随着色相环半径的扩大，颜色的饱和度也随之变大。

颜色样品在中国颜色体系中的标号表示为 HV/C（色调、明度/饱和度），与孟塞尔颜色系统的颜色标注方法类似。

《中国颜色体系样册》在 10 种基本色调中，分别选取了每种色相细分后位于 2.5、5、7.5、10 四个点所对应的色调，共 40 种，再按不同明度和不同饱和度展开，得到 1364 块标准颜色样品。全部色样按照颜色的三属性，通过中国人的视觉特性实验，以知觉的等色相差、等明度差、等饱和度差标尺编排，并且在样册的每一页上其色样具有相同的色相和各种不同的明度及饱和度。在该样册中，色样的最高明度为 9，最低明度为 2.5，共有 9 个等级。考虑到颜色工作中经常使用中性灰，并对此提出较高的要求，因而在该样册的无彩色系中还配备了一套以更精细的 0.25 明度分组共 29 块中性色样品。在《中国颜色体系样册》中，由于接近中性色的色相最常用，其饱和度分级为 1，对于饱和度更大的色相，每块色样之间间隔两个饱和度级别，即 2、4、6……不同色调、不同明度的颜色样品其最大饱和度级别是不一样的，个别颜色的饱和度级别可高达 14，样册中各色相的最大饱和度样品是目前我国制作工艺所能做到的饱和度最高的色样。此外，该样册中还提供了国家标准 GB 5702—85《光源显色性评价方法》中计算光源显色指数的 15 块标准颜色样品，以及国家标准 GB 12983—91《国旗颜色标准样品》中的三种面料（棉布、丝绸、涤纶）的红色样品。

日本也有一套颜色样卡，1978 年 12 月出版，叫做新日本颜色系统（New Japan Colour System），共包含 5000 块颜色，即 CC5000 色彩图。这里不作详细介绍。

三、颜色的光谱表示法

自然界的物体可分为发光体和不发光体，发光体的颜色由其发射的光谱成分决定，不发光体被入射光照射，由其表面对入射光进行选择性吸收后，颜色由反射光或透射光的光谱成分决定。把可见光谱的波长作为横坐标，把发射光（发光体）、反射光、透射光（不发光体）的能量用绝对能量单位或相对能量单位表示，并作为纵坐标，即可在此坐标系中找到发射光、反射光、透射光在各波长下所对应的能量点，再把这些点连起来，就绘制出该发射光谱、反射光谱、透射光谱的分光光度曲线。发光体所发射的光谱常用发射功率计算能量分布，这就是光源的光谱功率分布曲线；不发光体常用反射率、透射率、吸收率或密度值等来计算能量分布，分别称为物体的反射率曲线、透射率曲线、吸收曲线或密度曲线。

颜色的光谱表示法就是指用分光光度曲线来表示颜色特性的方法。根据分光光度曲线，就可以粗略地判别出该颜色的色相（色调）、明度和饱和度。如果是反射率（透射率）曲线（即曲线以反射率或透射率为纵坐标），曲线的高峰出现在某一波段，那么此波段对应的色光颜色就是该颜色的色相。例如，反射率曲线中在波长为600～700nm的范围内（对应于红色）反射率最大，说明该物体表面的反射光中红光最多，所以该物体表面颜色是红色调的，如图1-19所示。又如某物体的透射率曲线如图1-20所示，虽然在波长600～700nm的范围内（对应于红色）透射率最高，但曲线还有另一个第二高峰，在波长400～500nm处，说明在该物体的透射光中，红光最多，同时还有一定的蓝紫光。所以可以判断该物体是紫红色的透明体。

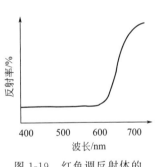

图 1-19　红色调反射体的
分光曲线

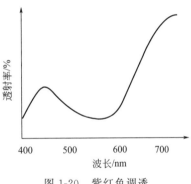

图 1-20　紫红色调透
明体的分光曲线

颜色的明度是由对入射光的反射率或透射率决定的。分光光度曲线中，曲线越高，表明整个物体表面对入射光的反射率或透射率越大，明度也就越大。例如，两种相同的颜色，颜色 a 的反射率比颜色 b 小，曲线 a 比曲线 b 低，表明颜色的明度 a＜b，如图 1-21 所示。

颜色的饱和度是指颜色接近光谱色的程度，是颜色的纯度指标。由于物体表面反射光或透射光中常含有彩色与消色成分，这两种成分的比例直接影响物体表面颜色的饱和度。彩色成分比例越大，消色成分比例越小，那么，该颜色的饱和度就越高；反之，该颜色的饱和度就越低。对图 1-21 中所示的两种颜色的分光光度曲线进行分析，分别在曲线最低处作一条平行于横坐标轴的直线，该直线的纵坐标值就是该物体表面反射出来的白光比例。显然，颜色 a 中的白光比例比颜色 b 中的要小，所以，可以判断颜色 a 的饱和度高于颜色 b。

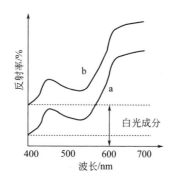

图 1-21　两颜色明度大小的表示

习　题

1. 简述可见光在电磁波谱中的位置（用波长表示），并说明红色、橙色、黄色、绿色、青色、紫色各种色光的大致波长范围。

2. 什么叫光谱光效率函数？

3. 照度和亮度的定义各是什么？它们有什么区别？

4. 色彩的三属性是什么？它们分别表征什么？

5. 颜色的三属性的关系是怎样的？

6. 分别简述色彩的系统命名法和习惯命名法。

7. 什么是颜色的普通色谱表示法？有什么优、缺点？

8. 什么是颜色的光谱表示法？用这种方法怎样确定色彩的色相？

第二章
色视觉的生理基础

第一节　人眼的构造、成像机理、视觉功能

　　能引起人视觉的外围感受器官是眼睛，它主要由含有感光细胞的视网膜和作为附属结构的折光系统两部分组成。能使人眼产生视觉刺激的电磁波，是波长在380～780nm范围内的可见光部分。在可见光谱范围内，电磁波（光）线照射眼睛，视网膜把接收到的信息传递给大脑，大脑经过信息处理后，就可以分辨出视网膜像的不同明暗程度和色泽。所以，人眼能看清视野内发光物体或反光物体的远近、大小、轮廓、形状、颜色以及表面细节。在人脑获得的所有信息中，来自视觉系统的约占95%，因此，人眼是人体最重要的感觉器官。

　　可见光辐射刺激人眼后能引起颜色感觉。物体的颜色除取决于物体辐射（发射光或反射光）对人眼产生的物理刺激外，还取决于人眼的视觉特性。因此，要了解人眼的构造和颜色感觉的机理，必须从生理学角度和心理学角度来分析。

一、眼睛的构造

　　人的眼睛近似球形，位于眼眶内。正常成年人其前后径平均为24mm，垂直径平均23mm。最前端突出于眶外12～14mm，受眼睑保护。眼球包括眼球壁、眼内腔和内容物、神经、血管等组织。眼睛的构造如图2-1所示。

（一）眼球壁

　　眼球壁主要分为外、中、内三层。外层由角膜、巩膜组成。前1/6为透明的角膜，其余5/6为白色的巩膜，俗称"眼白"。眼球外层起维持眼球形状和保护眼内组织的作用。角膜是接受信息的最前哨入口。角膜是眼球前部的透明部分，光线经此射入眼球。角膜稍呈椭圆形，略向前突，横径为11.5～12mm，垂直径约

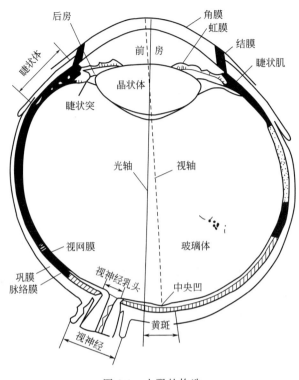

图 2-1　人眼的构造

10.5～11mm，周边厚约 1mm，中央为 0.6mm。角膜前的一层泪液膜有防止角膜干燥、保持角膜平滑和光学特性的作用。角膜中含有丰富的神经，感觉敏锐。因此角膜除了是光线进入眼内和折射成像的主要结构外，也起保护作用，并且是测定人体知觉的重要部位。巩膜为致密的胶原纤维结构，不透明，呈乳白色，质地坚韧。

中层又称葡萄膜、色素膜，具有丰富的色素和血管，包括虹膜、睫状体和脉络膜三部分。虹膜呈环圆形，在葡萄膜的最前部分，位于晶体前，有辐射状皱褶（称纹理），表面含不平的隐窝。不同种族人的虹膜颜色不同。虹膜中央有一个 2.5～4mm 的圆孔，称瞳孔。睫状体前接虹膜根部，后接脉络膜，外侧为巩膜，内侧则通过悬韧带与晶体赤道部相连。脉络膜位于巩膜和视网膜之间。脉络膜的血循环营养视网膜外层，其含有的丰富色素起遮光暗房作用。

内层为视网膜，是一层透明的膜，也是视觉形成的神经信息传递的第一站，具有很精细的网络结构及丰富的代谢和生理功能。视网膜的视轴正对终点为黄斑中心凹。黄斑区是视网膜上视觉最敏锐的特殊区域，直径约 1～3mm，其中央为一小凹，即中心凹。黄斑侧约 3mm 处有一个直径为 1.5mm 的淡红色区，为视盘，亦称视乳头，是视网膜上视觉纤维汇集向视觉中枢传递的出眼球部位，无感光细胞，故视野上呈现为固有的暗区，称生理盲点。

（二）眼内腔和内容物

眼内腔包括前房、后房和玻璃体腔。眼内容物包括房水、晶体和玻璃体。三者均透明，与角膜一起共称为屈光介质。房水由睫状突产生，有营养角膜、晶体及玻璃体，起维持眼压的作用。晶体为富有弹性的透明体，形如双凸透镜，位于虹膜、瞳孔之后，玻璃体之前。玻璃体为透明的胶质体，充满眼球后 4/5 的空腔内，主要成分为水。玻璃体有屈光作用，也起支撑视网膜的作用。

（三）视神经、视路

视神经是中枢神经系统的一部分。视网膜所得到的视觉信息，经视神经传送到大脑。视路是指从视网膜接受视信息到大脑视皮层形成视觉的整个神经冲动传递的路径。

（四）眼附属器

眼附属器包括眼睑、结膜、泪器、眼外肌和眼眶。眼睑分上睑和下睑，居眼眶前口，覆盖眼球前面。上睑以眉为界，下睑与面部皮肤相连。上下睑间的裂隙称睑裂。两睑相连接处，分别称为内眦及外眦。内眦处有肉状隆起称为泪阜。上下睑缘的内侧各有一个有孔的乳头状突起，称泪点，是泪小管的开口。其生理功能主要是保护眼球，由于经常瞬目，故可使泪液润湿眼球表面，使角膜保持光泽，并可清洁结膜囊内灰尘及细菌。

结膜是一层薄而透明的黏膜，覆盖在眼睑后面和眼球前面。按解剖部位可分为睑结膜、球结膜和穹隆结膜三部分。由结膜形成的囊状间隙称为结膜囊。

泪器包括分泌泪液的泪腺和排泄泪液的泪道。

眼外肌共有 6 条，使眼球灵活运动。4 条直肌是上直肌、下直肌、内直肌和外直肌。2 条斜肌是上斜肌和下斜肌。

眼眶由额骨、蝶骨、筛骨、腭骨、泪骨、上颌骨和颧骨 7 块颅骨构成，稍向内，且向上倾斜，四边锥形的骨窝，其口向前，尖朝后，有上下内外四壁。成人眶深 4～5cm。眶内除眼球、眼外肌、血管、神经、泪腺和筋膜外，各组织之间充满脂肪，起软垫作用。

二、视网膜成像机理

通过学习眼睛的结构，可以看到人眼看见物体的原理与照相机类似。当外界物体发射（或反射）的光线进入眼睛后，经屈光系统的屈折和汇聚，在视网膜上就会形成一个清晰的图像。

因为水晶体能自动调节其厚薄（焦距），所以，不同距离的物体在正常人眼的视网膜上都能形成一个清晰的图像。在环境亮度（照度）适当的情况下，正常人的眼睛看距离为 25cm 的物体时，感觉最清楚，所以把这一距离叫做明视距离。

三、人眼的视觉功能

所谓视觉功能，就是指人们借助视觉器官感受外界物体存在的功能。它包括区分所见物体细微层次和对物体的辨认、对比。

人们把用视觉器官来区分外界物体的敏锐程度，叫做视觉敏锐度，在医学上叫做视力。眼睛感觉到在视场中被观察物体的清晰程度，可以利用对比来描述，对比包括颜色对比和明度对比（对比度）。

所谓颜色对比，就是在视场中相邻区域的两种不同颜色的相互影响。颜色对比的结果，是使颜色的色调向另一颜色的补色方向变化。任意两种混合后能成为消色的颜色称互为补色。

对比度是指投影图像最亮和最暗之间的区域之间的比率，比值越大，从黑到白的渐变层次就越多，从而色彩表现越丰富。对比度对视觉效果的影响非常关键，一般来说对比度越大，图像越清晰醒目，色彩也越鲜明艳丽；而对比度小，则会让整个画面都灰蒙蒙的。高对比度对于图像的清晰度、细节表现、灰度层次表现都有很大帮助。对比度越高图像效果越好，色彩会更鲜明，反之对比度低则画面会显得模糊，色彩也不鲜明。图 2-2 所示是对比度高、中、低三个档次的表现效果。

(a) 对比度高　　　　　　　(b) 对比度中　　　　　　　(c) 对比度低

图 2-2　对比度不同图像的表现效果

环境明亮程度（照度大小）、背景颜色及明暗和眼睛视网膜的感受区都影响视觉敏锐度与对比辨认能力。从视力与照度的关系曲线（图 2-3）和照度、视角、对比三变量之间的视觉功能曲线（图 2-4）可知，人眼的视力是有极限的。

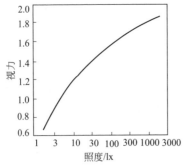 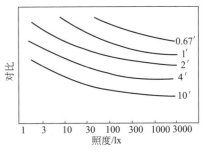

图 2-3　视力与环境照度　　　　　　图 2-4　照度、视角、对比三
　　　的关系曲线　　　　　　　　变量之间的视觉功能曲线

第二节 颜色视觉现象

正常人的眼睛，在环境亮度适当的条件下，能分辨出波长从 380～780nm 整个可见光谱中存在的各种颜色（红色、橙色、黄色、绿色、青色、蓝色、紫色等色），而且还能看到两种光谱色之间的各种过渡颜色（中间色），如图 2-5 所示。

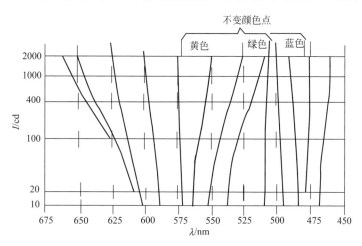

图 2-5 不同照度下各种色光对应的波长变化

人眼在可见光谱中看见的各种颜色与波长的对应关系不是恒定不变的。从图 2-5 中可以看出，除了黄色（572nm）、绿色（503nm）和蓝色（478nm）三点不变外，随着光强度的逐渐增大，各种色光对应的波长在变化，有的变得比原来的波长大，有的变得比原来的波长小。

颜色适应是指人眼在颜色的刺激作用下所造成的颜色视觉变化现象。这是人们日常生活中经常发生的现象。例如，如果某一物体所在位置的背景颜色较为鲜艳，当眼睛长时间注视背景色后，再去看物体颜色，这时就会感觉到物体的颜色已经改变，感觉到物体带有背景色的补色。但这种现象是暂时的，只要经过一段时间后，眼睛就会逐渐恢复过来。人们把这一过程称为眼睛对颜色适应。

眼睛注视某种颜色一段时间，当刺激突然停止以后，原色感觉并不立刻消失，这种现象叫作后像。视觉后像有两种：正后像和负后像。正后像在于它保持着原来视觉效应刺激物所具有的同一品质的痕迹。如在暗室里把灯点亮，在灯前注视灯光三四秒钟，再闭上眼睛，就会看见在黑的背景上有一个灯的光亮的痕迹，这是正后像，因为它保持着原来视觉效应刺激物——与灯光的"亮"品质相同。正后像出现以后，如果继续注视，就会发现在亮的背景上出现一个黑斑的痕迹，这是负后像，因为它保持的"黑"品质相反于原来视觉效应刺激物——与灯光的"亮"品质相反。如果眼睛接受的是彩色刺激，例如注视某一个红色的正方形，一定时间以后，再把目光移到一张灰白纸上，那么在这张灰白纸上可以看到一个蓝绿色的正方形，这是负后像，因为它保持着与原来视觉效应刺激物（红色正方形）互为补色的颜色感觉（蓝绿色正方形）。在彩色的视觉中，却很少有正后像出现。正是由于眼睛对颜色具有适应现象，所以在背景上的某一颜色消失后，仍会留下一个原来颜色的补色、明暗程度也与之相反的像，这种诱导出来的补色时隐时现，多次起伏，直至最后完全消失。

第三节　色视觉的主要理论

为了解释人眼为什么能分辨出不同颜色的问题，不同的学者根据自身的实验、观察提出了不同的观点，一直没有统一。现代颜色视觉理论主要分为两种：一种是扬-赫姆霍尔兹（Young-Helmholtz）的三原色学说；另一种是爱瓦德·赫林（Ewald. Hering）的对立颜色学说。这两种学说都分别能解释一些视觉现象，但也都有不足之处。

一、三原色学说

最早对色视觉理论进行研究，并提出人眼有接受不同颜色的三种器官观点的学者是罗蒙诺索夫。他的这一观点，可以说是三原色学说的基础。真正被人们广泛使用的三色学说，则是扬-赫姆霍尔兹（Young-Helmholtz）根据颜色混合的物理学规律，结合实验结果发展起来的。

油漆工人们在进行色漆调色时，所需的不同颜色都可用红色、黄色、蓝色的油漆的混合来得到，而且用它们混合所得到的颜色，比用任何其他三种颜色混合得到的都多。扬（T.Young）对红色、绿色、紫色的涂料进行试验，获得中性灰的感觉。他选择红色、绿色、紫色的色光为光的三基色，通过光的混合能产生许多其他的颜色。但是，扬（T.Young）没有认识到混合光产生新颜色和混合颜料产生新颜色之间的原理区别。1852年赫姆霍尔兹（Helmholtz）首先认识到混合光与颜料都产生新颜色，但原理是不同的。其中最重要的一种颜色混合，是混合蓝色和黄色颜料，产生绿色。

研究包含红色、黄色、绿色、蓝色、紫色（R、Y、G、B、V）色光的光谱，黄颜料反射红色、黄色、绿色（R、Y、G）光，吸收蓝色、紫色（B、V）光；蓝颜料反（散）射绿色、蓝色、紫色（G、B、V）光，吸收红色、黄色（R、Y）光。也就是说，当绿色、蓝色、紫色（G、B、V）三种色光照到黄色颜料上时，蓝色、紫色（B、V）光被吸收，绿色（G）光被反（散）射；当红色、黄色、绿色（R、Y、G）光照射到蓝色颜料上时，红色、黄色（R、Y）光被吸收，绿色（G）光被反（散）射。当黄色和蓝色的两种颜料混合（均匀）后，再用包含红色、黄色、绿色、蓝色、紫色（R、Y、G、B、V）色光的光谱去照射，能进入人眼的光，是两种颜料中的任何一种都不吸收的，恰恰是被两种颜料都反（散）射的色光，这种光就是绿光。所以，这两种颜料混合后的颜色是绿色，如图 2-6 所示。

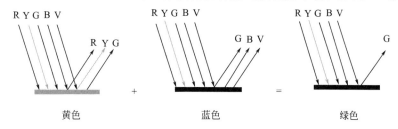

图 2-6　黄色、蓝色两种颜料混合后呈绿色图解

从图 2-6 中看到，当两种颜料（染料的混合与颜料混合类似）混合后，混合色所反射的入射光是这两种颜料都共同反射的色光，这种共同反射的色光因混合的颜料种类越多，而变得越少（可能混合色不反射任何色光，入射色光全被吸收掉，呈黑色）。所以，颜料、染料的这种混合，称为减色混合。相反，对于色光的混合，因为色光不经任何吸收直接进入眼睛，是光的直接混合，入射的色光种类越多，感觉就越亮，所以，称为加色混合。

三原色学说是根据颜色混合的物理学规律发展而来的。扬（T.Young）和赫姆霍尔兹（Helmholtz）根据朱红、翠绿、青紫三种原色的光混合后，能得到各种色相颜色及消色的混合规律，提出在人眼视网膜上存在三种神经纤维，其中每一种神经纤维的兴奋分别能引起一种原色的颜色感觉的假设。当某一波段的光线刺激视网膜时，因光的波长不同，虽然能同时引起三种神经纤维的兴奋，但三种神经纤维的兴奋程度是不同的，其中一种纤维的兴奋要强烈得多。例如，用光谱中中波谱段的光刺激视网膜，红色、绿色、蓝色三种感色神经纤维都同时受到刺激，但感绿色神经纤维的兴奋程度最强，产生绿色感觉。如果用短波段的光刺激，会引起感蓝色神经纤维最强的兴奋，就产生蓝色的感觉；如用长波端的光刺激，能产生红色的感觉。当光线刺激能同时引起三种神经纤维强烈兴奋时，就会产生白色感觉，如图 2-7 所示。

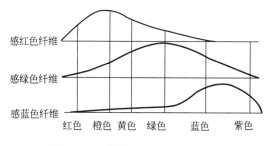

图 2-7　三种神经纤维的兴奋曲线

当产生某种颜色感觉时，三种神经纤维中有一种纤维兴奋程度最强烈，但同时

另外两种纤维也受到了刺激，也会引起兴奋，只是兴奋程度要弱得多，也就是说三种神经纤维都在活动，这就是每种颜色看起来都有白色成分，即明度感觉的原因。

根据以上分析，当感红和感绿色两种神经纤维同时兴奋时，会引起黄色（红色、绿色两种颜色的混合色）感觉；当感绿和感蓝色两种神经纤维同时兴奋时，会引起青色（绿色、蓝色两种颜色的混合色）感觉。

扬-赫姆霍尔兹（Young-Helmholtz）学说，能圆满地解释负后像，但不能解释色盲。

二、加色混合和减色混合

(一) 加色混合和减色法的基本概念

通过前面的讨论，可以知道，色光的混合是加色混合。例如，把红光和黄光（单色光）在暗室中同时通过同一小孔，再在小孔的另一面观察，使混合后的光进入眼睛，这时进入眼睛的既有红光又有黄光，会发现混合后的光是橙色的，这橙色恰恰是由红色和黄色相加混得而得到的，所以是加色混合。从本质上讲，色光的混合，是相混的几种色光直接进入眼睛的。对于颜料、染料等的混合，混合后显现的颜色，是入射光照射在混合物表面后，再反射（或透射）到眼睛中，从而获得某种颜色的感觉。物体之所以会呈现某种颜色，是因为其表面对入射光进行了选择性吸收之后，再把不吸收的部分入射光反射（或透射）到眼睛中产生的。颜料、染料混合的种类越多，它们对入射光的吸收部分也就越多，最后剩下的反射光是相混合的各种颜料、染料都不吸收的、共同反射的那部分光，所以，混合的颜料、染料越多，反射到眼睛中的光就越少，这就是减色混合。

红色、黄色、蓝色（R、Y、B）三种原色光混合是加色混合，可以推断，当它们的混合比例合适时，结果产生白色；品红、黄色、青色（M、Y、C）三种原色颜料混合，是减色混合，结果出现黑色，如图2-8（彩图4）和图2-9（彩图5）所示。

(二) 格拉斯曼定律

对于加色混合，格拉斯曼（H. Grassmann）提出了色彩感觉理论，他推导出了以现代色度学为基础的颜色计算方程。

1. 亮度相加定律

$$S=S_1+S_2 \tag{2-1}$$

色光相加后，在视觉效果上并不是色光的饱和度增加，而是其饱和度降低了（因为混入了别的颜色，使颜色接近光谱色的程度更远了），所增加的，仅是色光的亮度（光通量）。

每种色光都有相应的补色光，如果把色光与它的补色光按一定的比例相加，就能得到白色光；如果按其他比例相加，就会得到偏向混合比例较大的那种色光颜色

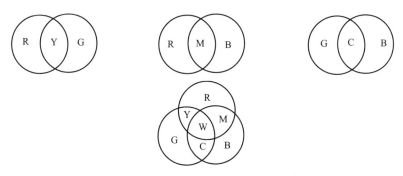

图 2-8　三原色光混合示意图（加色混合）

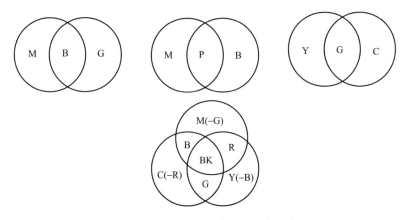

图 2-9　三原色混合示意图（减色混合）

的非饱和色。

任何两种非互补色的色光相加，所得混合色是它们的中间色调。例如，黄色光与蓝色光（非黄光的互补色光）相加，得到绿色光。这种绿色光的色调到底是偏近黄色还是蓝色，取决于这两种色光混合时的相对比例，混合色的饱和度大小则取决于（相加的）两者在色相环上的远近。

2. 定比定律

$$L = S_1(\lambda) + S_2(w) \tag{2-2}$$

假设色光 L 可以用亮度为 S_1 的单色光 λ 和亮度为 S_2 的白光 w 混合匹配而成，那么，在很大的光度范围内，如果 S_1 和 S_2 的亮度增加 n 倍，则色光 L 的亮度相应地也增加 n 倍。

$$nL = nS_1(\lambda) + nS_2(w) \tag{2-3}$$

3. 色光相加代替律

视觉效果相同的色光，不论其光谱组成成分是否相同，在色光混合时也能产生相同的视觉效果。假设色光 L_1 能被另一种色光 L_3 匹配，即在视觉上 $L_1=L_3$；色光 L_2 又能被另一色光 L_4 匹配，即在视觉上 $L_2=L_4$，那么，在亮度不大（不感觉耀眼）的很大范围内，左边两色光相加还能匹配右边两色光的相加，即：

$$L_1+L_2=L_3+L_4 \tag{2-4}$$

三、对立颜色学说

法国诗人歌德为解释眼睛为什么能分辨出各种色彩，做了许多研究，观察了物体在多种光照条件下颜色的改变情况，为对立颜色学说的提出付出了很大的代价。后来爱瓦德·赫林（Ewald. Hering）根据歌德的研究，提出了人眼的视网膜中有三对视素：白-黑视素、红-绿视素、黄-蓝视素的假设。他认为这三对视素的代谢作用，包括建设（也称作同化）和破坏（也称作异化）两个相互对立过程。眼睛受到光刺激，破坏白-黑视素，引起神经冲动，产生白色感觉；无光刺激时，白-黑视素又被重新建设起来，产生黑色感觉。对红-绿视素，红光起破坏作用，绿光起建设作用，这对视素被破坏时产生红色感觉，建设时产生绿色感觉。对黄-蓝视素，黄光起破坏作用，蓝光起建设作用，这对视素被破坏时，产生黄色感觉，建设时产生蓝色感觉。因为每种颜色都有一定的明度，即含有白色成分，所以各种颜色不仅影响其本身视素的活动，还会影响黑-白视素的活动。这就是对立颜色学说，又叫做四色学说。

视网膜中三对视素的代谢作用如图 2-10 所示。图 2-10 中 $x\text{-}x$ 线以上表示破坏作用，以下表示建设作用。曲线 a 表示白-黑视素的代谢作用，曲线 b 表示黄-蓝视素的代谢作用，曲线 c 表示红-绿视素的代谢作用。根据曲线 a 的形状，就可解释各种光谱色的明度，在黄色、绿色波段最大。如果三种视素的建设、破坏两个对立过程同时进行，就会产生各种颜色感觉和各种颜色的混合现象。

对立颜色学说能够很好地解释色盲或全色盲现象，是近代色度学的基础，长期以来，对颜色技术的发展一直起着重要指导作用。

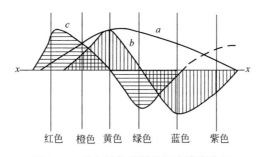

图 2-10　对立颜色学说的视素代谢作用

习　题

1. 加色混合和减色混合分别适用于哪些场合？为什么？

2. 分别叙述亮度相加定律、定比定律和色光相加代替定律。

3. 简述颜色对立学说。

第三章
CIE-XYZ标准色度系统

　　对于自然界的物体，不论是体积、形状，还是质量大小，人们都可以用数字来进行准确描述，使得信息的传递方便、快捷、准确。对于物体的颜色，能否也可以用数字来描述，使有关颜色的信息的传递准确呢？答案是肯定的。物体颜色的定量度量是一个涉及观察者的视觉生理、视觉心理以及照明条件、观测条件等诸多因素的复杂问题。为了解决这个问题，近80年以来，国际照明委员会（CIE）一直致力于使颜色的测量和人的颜色知觉保持良好的一致性的研究，1931年发布了一系列色度学系统，规定了一整套颜色测量的原理、数据和计算方法，形成了奠定现代色度学基础的CIE-XYZ标准色度学系统。这一系统以两组基本视觉实验数据为依据：一组叫做"CIE 1931标准色度观察者"，用于1°～4°的测色视场；另一组称叫做"CIE 1964补充标准色度观察者"，用于大于4°的测色视场。CIE还规定必须在明视觉条件下使用这两组标准观察者数据。

　　白光是一切颜色的基础，是一种混合色，用一定的方法（如RGB三原色滤色镜）又可将其分解成RGB三原色，RGB三原色按一定的比例混合又可获得白色。CIE-XYZ标准色度系统是以三原色匹配或混合作用为物理基础的。

第一节　CIE 1931-RGB 系统

一、颜色匹配实验

　　根据格拉斯曼颜色混合定律，对于色光的混合，视觉效果相同的颜色可以相互代替。相互代替的颜色可以通过颜色匹配实验来获得。把两种颜色调节到视觉上相同的方法叫做颜色的匹配。在进行颜色匹配实验时，根据色光的加色混合原理，调整原色光的明度、色相、饱和度三种属性，使两者达到匹配。颜色匹配实验，本质上是色光的相加混合。常采用如图 3-1 所示的方式进行颜色匹配。

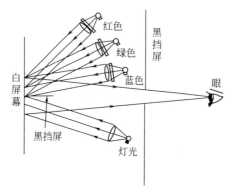

图 3-1　色光相加颜色匹配实验示意图

　　按图示安放好白屏、黑挡屏，在黑挡屏上设置好观测孔。把不同颜色的光照射在白色屏幕的同一区域上，色光经过白屏幕反射后，照射到另一个黑挡屏上的相同区域，进行混合，混合光刺激眼睛视网膜，大脑就会产生一种新的颜色感觉。在实验时，在投射红色、绿色、蓝色三种颜色灯光的同时，还需在相邻的一侧投射一束白光或别的颜色的灯光到白色屏幕上，作为混合色光的背景光。这三种颜色的灯光就是三原色光。调整三原色灯光的强度（光通量）比例，就可产生各种各样的颜色，如果三种灯光的光通量比例适当，可获得白光。

　　在颜色匹配实验中，人们发现三种原色并非必须选择红色、绿色、蓝色不可，只要三种色光满足一个基本条件：任何一种色光都不能由另外两种相加混合得到，那么这三种色光就可以作为颜色匹配实验的原色光。之所以选用红色、绿色、蓝色而不用别的颜色组合作为三原色，是因为用红色、绿色、蓝色三种原色产生的匹配（混合）颜色的色域覆盖最广（能匹配出自然界中的所有颜色），是最佳的三原色。

　　值得注意的是，在上述颜色的匹配实验中，人们平常看到的某种颜色的灯光与其匹配色光只是视觉效果相同，其光谱组成是不同的，因为匹配色光的光谱组成不是连续的。例如，由红色、绿色、蓝色三种颜色混合而成的白光与连续光谱的白光在视觉上相同，但是它们的光谱组成却不同，人们把这种现象叫做同色异谱现象，这种颜色匹配叫做同色异谱的颜色匹配。还应注意的是，如果色光刺激视网膜中距离相隔很近的部位、频繁交替刺激视网膜的这些部位，眼睛都会产生中间色的感觉，即混色效果。

二、RGB 系统的提出

　　根据颜色匹配实验，只要把三原色色光按特定的光通量比例进行相加混合，就可匹配出对人眼睛能引起相同视觉效果的任何一种颜色。国际照明委员会为了统一色度数据，在大量的实验数据基础上，把红色（R）——波长为 700.0nm 的可见光谱红色末端、绿色（G）——波长为 546.1nm 的水银光谱、蓝色（B）——波长为

435.8nm 的水银光谱确定为三色系统的三原色。

在第一章中讲到光谱光视效率函数，人眼对前面确定的三原色的光谱灵敏度是不一样的，换句话说，对于相同光通量的上述三原色光，人眼感觉到的亮度是不同的。从光谱光视效率函数表中可以查出，三原色的明视觉光谱光视效率函数值分别是：

$$(R):0.00410,(G):0.98433,(B):0.01777$$

如果把上述三原色光的光通量以 $\phi_R:\phi_G:\phi_B=1:4.5907:0.0601$ 的比例混合，就能获得等能白光 E 的匹配白光（在 $380\sim780$nm 的波长范围内，各种波长的辐射能量均相等时，称为等能光谱色，由其构成的白光称等能白光）。值得一提的是，由上述三原色光混合而得到的白光虽然与等能白光对人眼能引起相同的颜色视觉效果，但它们的光谱组成是不一样的，因为等能白光 E 是连续光谱，而且各波长的色光的辐射功率都相等，可是由三原色光混合所得到的匹配白光光谱是不连续的，这两种白光属于同色异谱现象。

根据格拉斯曼亮度相加定律，由几种色光组成的混合光的总亮度等于各相混色光亮度的总和。如果把亮度分别为 1lm 的红光（R）、4.5907lm 的绿光（G）、0.0601lm 的蓝光（B）（三原色光）混合，那么所获得的白光亮度为 1lm＋4.5907lm＋0.0601lm＝5.6508lm。为了数据处理方便，分别把 1lm 的红光（R）、4.5907lm 的绿光（G）、0.0601lm 的蓝光（B）看作 1 个单位的（R）、（G）、（B），那么，由三原色匹配出的白光的光通量可表示为：

$$\phi_E=1(R)+1(G)+1(B) \tag{3-1}$$

匹配等能白光时，三原色的光通量都是 1 个单位；如果是匹配别的色光，还是由该三原色光组成，只是所用的各种原色光的光通量不再是 1 个单位，但是可看成是 1 个单位光通量的多少倍，所用三种原色光单位光通量的倍数不同，匹配出的色光颜色就不同。于是，就可以得出用三原色匹配所有颜色色光时的颜色方程：

$$C_\lambda=R(R)+G(G)+B(B) \tag{3-2}$$

通过颜色方程，可以把颜色匹配实验用数学表达式的方式表示出来。式中，C_λ 是待匹配色光的亮度；R、G、B 分别是三原色的混合比例，即分别用多少倍单位三原色（R）、（G）、（B）来进行混合（匹配）。R、G、B 三个数值完全确定了匹配色光的属性和光通量（数量）。因为匹配色光与被匹配的色光视觉效果相同，所以，R、G、B 也确定了被匹配的色光的属性和光通量。

在色度学中，把匹配某种颜色时分别所用的三原色的单位光通量的倍数 R、G、B 叫做三刺激值。于是，就可用三刺激值来表示任何一种颜色了，这就实现了用数字来定量地描述颜色。颜色方程（3-2）中的 R（R）、G（G）、B（B）叫做颜色分量，（R）、（G）、（B）分别对应的亮度值叫做三原色亮度系数。它们分别代表用三原色光匹配等能白光时所需要的光通量（亮度）比例。

三、色度坐标

如果直接用三刺激值 R、G、B 来表示颜色，因为这组数据描述的是一个抽象的三维空间，即使知道了一种颜色的三刺激值，也难以在大脑中建立起直观的颜色印象，也就是说还是不知道这种颜色的属性（色调、明度、饱和度），所以实际意义不大。为了解决这一问题，人们引入了色度坐标的概念。只要在色度坐标中找到某颜色所对应的色度点，再根据色度坐标系中哪些区域分别对应于什么颜色，就可在大脑中形成该颜色的直观印象了。于是，人们根据 R、G、B 引入了一个新的系数 K。假设 $K=R+G+B$，把 R、G、B 演变成：

$$r=\frac{R}{K}, g=\frac{G}{K}, b=\frac{B}{K} \qquad (3\text{-}3)$$

那么

$$r+g+b=1 \qquad (3\text{-}4)$$

实质上，这一组新参数 r、g、b 把原来的由 R、G、B 构成的抽象的三维空间转变成了二维平面直角坐标系，因为在 r、g、b 中，只要知道其中两个，另一个就可以求出来了。

在该平面直角坐标系中，把所有光谱色所对应的 r 分别作为横坐标，g 分别作为纵坐标作图，再把所有光谱色点连接起来，即可得到如图 3-2 所示的舌形曲线。

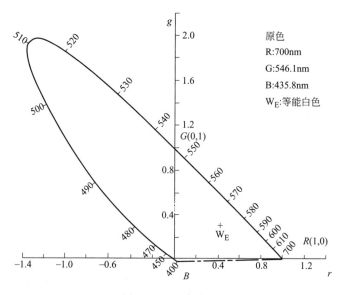

图 3-2　r-g 色度图

这个图在色度学中叫做 r-g 色度图，每种颜色所对应的 r、g 值叫做该颜色的色度坐标，每种颜色在坐标系中所对应的色度坐标点叫做色度点。图中的舌形曲线是所有光谱色在坐标系中对应的点构成的，也就是光谱色在坐标系中的轨迹，所以叫做光谱轨迹。连接光谱轨迹始末两端所得的线段，线段上的点，为一系列紫色所对应，所以这线段叫做纯紫轨迹。因为光谱色的饱和度最大，所以自然界中的所有颜色在此坐标系中所对应的点，都落在光谱轨迹和纯紫轨迹所包围的范围之中。

对于等能白光，根据前面的推导可知，在此坐标系中，$r=g=1/3$。三原色在rg色度图中的坐标分别是：$R(1, 0)$、$G(0, 1)$、$B(0, 0)$。以R、G、B为顶点的三角形内的每一个点所对应的颜色，其对应的R、G、B都是正值，说明此三角形内的每一个点所对应的颜色都可以用三原色光直接相加匹配得到。对于此三角形以外的色度点所对应的颜色，因为这些颜色所对应的R、G、B中至少有一个是负值，也就是说，这些颜色不能直接由三原色光相加匹配得到。在用三原色光匹配这些颜色时，只有把R、G、B中为负值的那种原色光投射到需要匹配的目标视场中，才能够实现匹配，如图3-3所示。

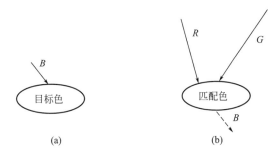

图3-3　R、G、B中有一个为负值时的颜色匹配

假设某目标颜色的三刺激值R、G、B中B值为负值，那就是说在进行颜色匹配实验时，需要从由R、G混合而成的匹配色中取走B才能与目标色匹配，但这是不可操作的。既然从中取不走，就把B加入目标色中，与目标色进行混合，如果B与目标色混合后得到的颜色与前面由R、G混合而成的匹配色视觉效果相同，就说明这种目标色与R、G、B倍单位光通量的三原色光的混合色光相匹配（可以简单地理解为：因为，目标色$=R+G-|B|$；所以，目标色$+|B|=R+G$）。

四、CIE 1931-RGB 系统

对于一个正常人的眼睛，只要受到色光的刺激，大脑中就会产生颜色的感觉。从前面所学的眼睛的结构可知，自然界中物体所表现出来的颜色，既决定于外界的物理刺激，又取决于人的眼睛及大脑的生理、心理反应。在讨论光谱光效率函数时已经知道，当眼睛被具有相同光通量（能量）但波长不同的各种色光刺激时，人们会感觉到不同的颜色。为了使对颜色的测量结果能完全反映眼睛感觉到的视觉效果，即测量结果与人的眼睛观察的结果一致（色度中把这种一致性称为良好的视觉相关性），人们必须先确定三原色光与人眼睛视觉特性之间的联系。为此，人类进行了长期的努力，莱特（W. D. Wright）和吉尔德（J. Guild）尤为突出。他们用波

长为 700.0nm 的红色（R）光、波长为 546.1nm 的绿色（G）光、波长为 435.8nm 的蓝色（B）光作为三原色光，挑选若干个视力正常的人来对各个波长的等能光谱色逐个进行颜色匹配，获得了匹配各等能光谱色所需的各种原色光通量，再分别转化为三原色单位光通量的倍数，就获得了各种等能光谱色的三刺激值（为多个观察者观察结果的平均值）：$\bar{r}(\lambda)$、$\bar{g}(\lambda)$、$\bar{b}(\lambda)$。CIE（国际照明委员会）采用了他们的实验数据，于 1931 年推荐了 CIE 1931-RGB 标准色度观察者光谱三刺激值，见附录一，并把这些数据作为人眼睛的平均视觉特性，用于色度计算。

以波长为横坐标，以等能光谱色的三刺激值为纵坐标，把"CIE 1931-RGB 标准色度观察者光谱三刺激值"在此坐标系中作图，可得三条曲线，如图 3-4 所示。

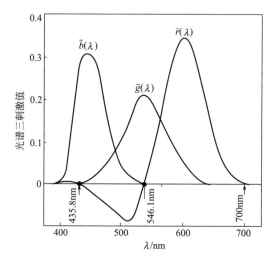

图 3-4　CIE 1931-RGB 标准色度观察者光谱三刺激值曲线

与前面推导 r-g 色度图中的色度坐标一样，利用光谱三刺激值就可计算出各种等能光谱色的色度坐标：

$$r(\lambda)=\frac{\bar{r}(\lambda)}{\bar{r}(\lambda)+\bar{g}(\lambda)+\bar{b}(\lambda)},\ g(\lambda)=\frac{\bar{g}(\lambda)}{\bar{r}(\lambda)+\bar{g}(\lambda)+\bar{b}(\lambda)},$$

$$b(\lambda)=\frac{\bar{b}(\lambda)}{\bar{r}(\lambda)+\bar{g}(\lambda)+\bar{b}(\lambda)}$$

第二节　CIE 1931-XYZ 系统

等能光谱色的三刺激值 $\bar{r}(\lambda)$、$\bar{g}(\lambda)$、$\bar{b}(\lambda)$ 是由实验获得的，所以 CIE 1931-RGB 色度系统能客观反映眼睛的视觉效果，可以直接用来进行色度计算。但是，由于这些三刺激值中，有的是负值，如波长为 440～545nm 时，$\bar{r}(\lambda)$ 为负值；波长为 380～435nm 时，$\bar{g}(\lambda)$ 为负值；波长为 550～655nm 时，$\bar{b}(\lambda)$ 为负值，这给大量的数据处理带来了不便，更重要的是，因为三刺激值中有的是负值，这样的颜色进行颜色匹配时难以理解。因此，CIE（国际照明委员会）推荐了一个新的用于色度计算的系统，即 CIE 1931-XYZ 色度系统。

一、由 CIE 1931-RGB 色度系统向 CIE 1931-XYZ 色度系统转换

既然 CIE 1931-RGB 色度系统中三刺激值都为正值时，既直观，又便于理解；当三刺激值中有一个是负值时，既不便于计算，又不容易理解。那么能不能建立一个新的色度系统，使三刺激值都是正值呢？CIE 1931-XYZ 色度系统正是基于这种设想建立起来的。国际照明委员会在 CIE 1931-RGB 色度系统的基础上，以假想的三原色色光（X）、（Y）、（Z）替代 CIE 1931-RGB 色度系统中的三原色光（R）、（G）、（B），建立起了一个新的色度学系统，这就是 CIE 1931 色度系统，也叫做 CIE 1931-XYZ 色度系统。

建立 CIE 1931-XYZ 色度系统，主要是为了达到以下三个方面的目的，使该系统既便于计算，又容易理解。

（一）系统中颜色的三刺激值为正值

人们知道，在 CIE 1931-RGB 色度系统中，在以红色、绿色、蓝色三原色光色度点（R）、（G）、（B）为顶点围成的三角形中的各点所对应的颜色的三刺激值是正值，色度坐标也是正值，三角形以外的点所对应的颜色的三刺激值、色度坐标出现负值。如果要使整个系统中各点所对应的颜色的色度坐标都为正值，只有把这个三角形扩大，才能使整个光谱轨迹和纯紫轨迹都落在这三角形中。要满足这一条件，三角形的三个顶点已经落在光谱轨迹和纯紫轨迹所围成的区域以外，那么该三原色在自然界中根本不存在，是假想的，也就是说，要使所有颜色的三刺激值都是正值，就不能采用CIE 1931-RGB色度系统中三原色（R）、（G）、（B），只能采用假想的三原色。这里用（X）、（Y）、（Z）来分别表示这三种假想的三原色，它们在 r-g 色度图中对应的色度点，如图 3-5 所示（后续内容将求出假想三原色在 r-g 色度图中的坐标值）。在以此假想三原色为基础建立起来的色度系统中，光谱轨迹和纯紫轨迹所围成的区域完全处于三角形的内部，就能保证系统中所有色度点所对应的颜色的三刺激值为正值。

（二）使直线（X）、（Z）上所有色度点对应的颜色的亮度为 0，可直接用 Y 值来表示颜色的亮度，使计算简便

从前面的颜色方程推导过程中知道，CIE 1931-RGB 系统中三原色（R）、（G）、（B）的相对亮度比是 $l_R : l_G : l_B = 1.0000 : 4.5907 : 0.0601$，在 r-g 色度图上，假设某一颜色的三刺激值为 R、G、B，按照式（3-3）就可计算出其色度坐标

r、g、b，用 Y 来表示其亮度，则它的亮度方程可写成

$$Y=R+4.5907G+0.0601B$$

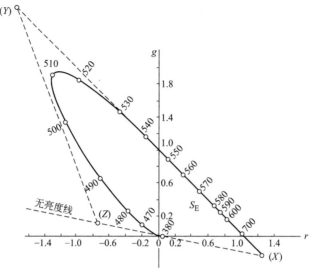

图 3-5　r-g 色度图中 (X)、(Y)、(Z) 的位置及坐标

RGB 系统原色：$(R)=700nm$，$(G)=546.1nm$，$(B)=435.8nm$

参照点：等能白$=S_E$。CIE 原色：(X)，(Y)，(Z)

(X)：$r=1.2750$ $g=-0.2778$ $b=0.0028$

(Y)：$r=-1.7392$ $g=2.7671$ $b=-0.0279$

(Z)：$r=-0.7431$ $g=0.1409$ $b=1.6022$

要使直线 (X)、(Z) 上所有色度点对应的颜色的亮度为 0，即 $Y=0$，那么

$$R+4.5907G+0.0601B=0$$

等式两边同时除以 $(R+G+B)$，引入色度坐标 r、g、b 得

$$r+4.5907g+0.0601b=0 \tag{3-5}$$

因为 $r+g+b=1$，得 $b=1-r-g$，代入式(3-5)

$$r+4.5907g+0.0601-0.0601r-0.0601g=0$$

整理后得

$$0.9399r+4.5306g+0.0601=0 \tag{3-6}$$

这就是直线 (X)、(Z) 在 r-g 色度图上的方程，即零亮度线方程，表示落在此直线上的所有点所对应的颜色的亮度都为零。

（三）使光谱轨迹和纯紫轨迹所围成的范围内的、自然界中实实在在存在的颜色对应的色度点尽量占据三角形 (X) (Y) (Z) 空间。换句话说，就是使此三角形内的假想色的色度点尽量少

要达到这个目的，只要求出满足条件的三条直线方程，然后再求出它们的三个

交点，就得到了三角形的三个顶点，即（X）、（Y）、（Z）。

在 r-g 色度图上，从 $540\sim700$nm 附近，光谱轨迹可以看成是一条直线。由于三角形内必须包含这些色度点，因此，此三角形的一条边（X）、（Y）应该与这一基本呈直线的光谱轨迹相重合。这条直线的方程很容易求得。

$$r+0.99g-1=0 \qquad\qquad (3-7)$$

对于三角形的第三条边（Y）、（Z），只有使这条边与舌形曲线的在 $-r$ 方向的最突出点相切，才能满足使三角形内的假想色度点尽量少这一条件。舌形曲线在 $-r$ 方向的最突出点是 503nm 的光谱色度点，那么，这条边（Y）、（Z）所在的直线已经唯一确定，求得它的方程是：

$$1.45r+0.55g+1=0 \qquad\qquad (3-8)$$

至此，三角形的三条边已经完全确定。那么此三角形的三个顶点（X）、（Y）、（Z）也确定了，它们是三条边所在直线的三个交点，也就是说，CIE 1931-XYZ 系统中的假想三原色在 r-g 色度图上的位置已经确定了。联列式(3-7) 和式(3-8)，求得

（X）：$r=1.2750$　$g=-0.2778$　$b=0.0028$

（Y）：$r=-1.7392$　$g=2.7671$　$b=-0.0279$

（Z）：$r=-0.7431$　$g=0.1409$　$b=1.6022$

值得注意的是，以上包括三角形（X）、（Y）、（Z）的三条边的方程和三个交点的坐标都是在 r-g 坐标系中的，只有以（X）、（Y）、（Z）为三原色，建立起 CIE 1931-XYZ 系统中的 x-y 色度图后，在 x-y 坐标系中，才能实现颜色的三刺激值为正值、直接用 Y 值表示颜色亮度、三角形内的假想色尽量少的目的，使系统既便于计算，又容易理解。

二、CIE 1931-xy 色度坐标

假想三原色确定以后，就可以得到类似于 RGB 系统中的三刺激值 X、Y、Z（获得 X、Y、Z 的推导方式比较繁琐，这里不详细讲述），也可以用类似于 RGB 系统中计算色度坐标的方法计算出 CIE 1931-XYZ 系统的色度坐标 x、y、z。

$$x=\frac{X}{X+Y+Z}, \quad y=\frac{Y}{X+Y+Z}, \quad z=\frac{Z}{X+Y+Z}$$

其中，$x+y+z=1$。

以 x 为横坐标、y 为纵坐标，可建立一个平面直角坐标系。与 RGB 系统类似，自然界中所有颜色都可以用此坐标系中的色度点来表示，所得到的图形就称为 CIE 1931-xy 色度图，如图 3-6 所示。

等能光谱色在 CIE 1931-XYZ 系统中的三刺激值，可以从 CIE 1931-RGB 系统中的三刺激值转化得到（转化方式推导繁琐，这里不详细推导）。同样，在 CIE 1931-XYZ 系统中的色度坐标，也可以从 CIE 1931-RGB 系统中的色度坐标转化而

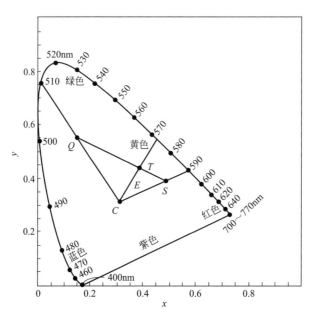

图 3-6 CIE 1931-xy 色度

来。色度坐标的转化方法是：

$$x=\frac{0.49000r+0.31000g+0.20000b}{0.66697r+1.13240g+1.20063b}$$

$$y=\frac{0.17697r+0.81240g+0.01063b}{0.66697r+1.13240g+1.20063b}$$

$$z=\frac{0.00000r+0.01000g+0.99000b}{0.66697r+1.13240g+1.20063b}$$

(3-9)

假想三原色（X）、（Y）、（Z）在 CIE 1931-xy 中的色度坐标分别是：（X）（1，0，0）、（Y）（0，1，0）、（Z）（0，0，1）。等能白光点的坐标是（$\frac{1}{3}$，$\frac{1}{3}$，$\frac{1}{3}$）。

把等能光谱色在 CIE 1931-RGB 系统中的三刺激值转换成CIE 1931-XYZ系统中三刺激值后，再求出它们在 CIE 1931-XYZ 系统中的色度坐标，再在 CIE 1931-xy 坐标系中标出相应的点，连线后还是得到一舌形曲线，称为 CIE 1931-xy 色度图的光谱轨迹（见图 3-6）。

三、CIE 1931 标准色度观察者光谱三刺激值

在 CIE 1931-XYZ 系统中，用假想三原色（X）、（Y）、（Z）匹配等能光谱色时所需要的三原色光的光通量叫做"CIE 1931 标准色度观察者光谱三刺激值"，也称为 CIE 1931 标准色度观察者颜色匹配函数，简称"CIE 1931 标准色度观察者"。

经过较为繁琐的推导，可以把 CIE 1931-RGB 系统中的光谱三刺激值转换成 CIE 1931-XYZ 系统中的光谱三刺激值，具体转化关系为（此转化关系也是国际照

明委员会推荐的转化关系式）：

$$\bar{x}(\lambda)=2.7696\bar{r}(\lambda)+1.7518\bar{g}(\lambda)+1.13014\bar{b}(\lambda)$$

$$\bar{y}(\lambda)=1.0000\bar{r}(\lambda)+4.5907\bar{g}(\lambda)+0.0601\bar{b}(\lambda) \tag{3-10}$$

$$\bar{z}(\lambda)=0.0000\bar{r}(\lambda)+0.0565\bar{g}(\lambda)+5.5942\bar{b}(\lambda)$$

CIE 1931-XYZ 系统中的光谱三刺激值 $\bar{x}(\lambda)$、$\bar{y}(\lambda)$、$\bar{z}(\lambda)$ 的物理意义是用假想三原色（X）、（Y）、（Z）匹配各种不同波长的等能光谱色所需要的三原色光光通量的倍数。CIE 1931 标准色度观察者光谱三刺激值见附录二。

以波长为横坐标，以光谱三刺激值为纵坐标，把不同波长的各种等能光谱色对应的三刺激值在此坐标系中找到相应的点，连线，即可得到 CIE 1931 标准色度观察者光谱三刺激值曲线，如图 3-7 所示。在图中，曲线 $\bar{x}(\lambda)$、$\bar{y}(\lambda)$、$\bar{z}(\lambda)$ 与波长坐标所围成的面积，分别恰恰是用假想三原色（X）、（Y）、（Z）匹配等能白光时所需的原色光的光通量（数量），也就是分别恰好等于等能白光的三刺激值 X、Y、Z。

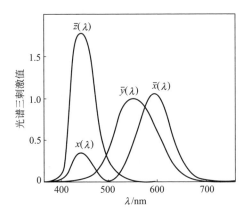

图 3-7　CIE 1931 标准色度观察者光谱三刺激值曲线

值得注意的是，CIE 1931 标准色度观察者数据只适用于 2°视场视觉观察条件（视场在 1°～4°范围内），在该条件下，主要是中央窝锥体细胞起作用。对极小面积（视角＜1°）的颜色的观察，此数据不再有效。对于大于 4°视场的观察面积，因为三刺激值 $\bar{x}(\lambda)$、$\bar{y}(\lambda)$、$\bar{z}(\lambda)$ 在 380～460nm 范围内的数值偏小，所以人们又建立了在 10°视场下的"CIE 1964 补充标准色度观察者"数据。在色度学计算中，都以此两组数据作为观察者颜色视觉特性的代表，从而避免了由于单个观察者视觉上的差异造成的混乱。

第三节　CIE 1964 补充标准色度系统

经过多年实践证明，CIE 1931 标准色度观察者的数据代表了人眼 2°视场的色觉平均特性。但是，当观察视场大于 4°时，有的研究者从实验中发现三刺激值在波长 380～460nm 区间内数值偏低。这是由于当视场面积较大时，受到视网膜内杆体细胞的参与以及中央窝黄色素的影响，与小面积视场相比色知觉会发生某些变化。为了适应大视场的色度测量，在实验的基础上，人们又建立了一套适合于 10°大视场色度测量的"CIE 1964 补充标准色度系统"。

附录三和附录四，分别列出了 CIE 1964-RGB 系统补充标准色度观察者光谱三刺激值和 CIE 1964 补充标准色度观察者光谱三刺激值。用附录三和附录四中的数据，在以波长为横坐标、光谱三刺激值为纵坐标的坐标系中作图，可得到如图 3-8 和图 3-9 所示的补充标准色度观察者光谱三刺激值曲线。

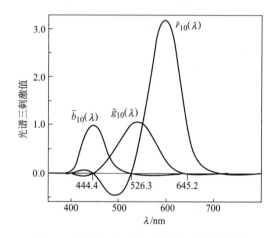

图 3-8　CIE 1964-RGB 系统补充标准色度
观察者光谱三刺激值曲线

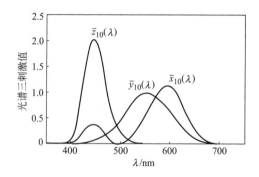

图 3-9　CIE 1964 补充标准色度观察者光谱三刺激值曲线

从附录三中可以看到，CIE 1964-RGB 系统补充标准色度观察者光谱三刺激值有部分是负值，同样不便于计算和理解，附录四就是应用 CIE 1931-RGB 系统向 CIE 1931-XYZ 系统转换的同样方法，把 CIE 1964-RGB 系统补充标准色度观察者光谱三刺激值转换成 CIE 1964-XYZ 系统补充标准色度观察者光谱三刺激值得来的，经过转换后的数据，已经全部是正值了。经过推导，可得出它们的转换关系（这也是 CIE 推荐的转换关系）：

$$\bar{x}_{10}(\lambda)=0.341427\bar{r}_{10}(\lambda)+0.188273\bar{g}_{10}(\lambda)+0.390202\bar{b}_{10}(\lambda)$$

$$\bar{y}_{10}(\lambda)=0.138972\bar{r}_{10}(\lambda)+0.837182\bar{g}_{10}(\lambda)+0.073588\bar{b}_{10}(\lambda)$$

$$\bar{z}_{10}(\lambda)=0.000000\bar{r}_{10}(\lambda)+0.0375154\bar{g}_{10}(\lambda)+2.038878\bar{b}_{10}(\lambda) \quad (3\text{-}11)$$

根据色度坐标与三刺激值的关系，可以由 $\bar{x}_{10}(\lambda)$、$\bar{y}_{10}(\lambda)$、$\bar{z}_{10}(\lambda)$ 计算得到在 CIE 1964-XYZ 系统中的色度坐标 $x_{10}(\lambda)$、$y_{10}(\lambda)$、$z_{10}(\lambda)$。

$$x_{10}(\lambda)=\frac{\bar{x}_{10}(\lambda)}{\bar{x}_{10}(\lambda)+\bar{y}_{10}(\lambda)+\bar{z}_{10}(\lambda)}$$

$$y_{10}(\lambda)=\frac{\bar{y}_{10}(\lambda)}{\bar{x}_{10}(\lambda)+\bar{y}_{10}(\lambda)+\bar{z}_{10}(\lambda)} \quad (3\text{-}12)$$

$$z_{10}(\lambda)=\frac{\bar{z}_{10}(\lambda)}{\bar{x}_{10}(\lambda)+\bar{y}_{10}(\lambda)+\bar{z}_{10}(\lambda)}$$

将数值绘在 x_{10}、y_{10} 组成的平面直角坐标系中，就可以得到 CIE 1964 补充标准色度系统色度图，如图 3-10 所示。把它与 CIE 1931 标准色度系统色度图相比较，略有不同。

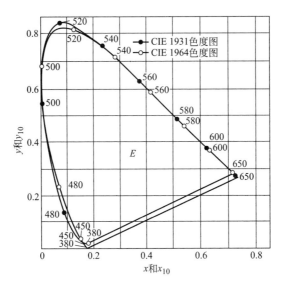

图 3-10　CIE 1931-xy 和 CIE 1964-xy 色度

在同一坐标系中绘出 CIE 1931（2°视场）和 CIE 1964（10°视场）标准色度观察者光谱三刺激值曲线，可以看到 10°视场的曲线要略高于 2°视场，说明因视网膜上杆体细胞的参与以及中央窝黄色素的作用，眼睛对较短波长的光谱色具有更高的感受性，如图 3-11 所示。

在 CIE 1964 补充色度系统色度图中，等能白光的色度坐标是：$x_{10E}=1/3$，

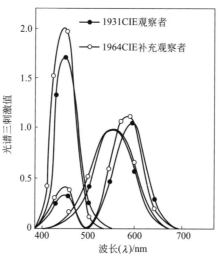

图 3-11　CIE 1931（2°视场）和
CIE 1964（10°视场）标准色度观察者
光谱三刺激值曲线的比较

$y_{10E}=1/3$。如果把 CIE 1931 色度图与 CIE 1964 补充色度系统色度图相比较，就会发现它们形状很相似，如图 3-10 所示，但它们是分别具有不同意义的。实际上，对于相同波长的光谱色，分别在这两个色度图上的相对位置相差很远。例如，在 490～500nm 的波长范围内，相同波长的光谱色坐标值相差 5nm 以上。本质原因是因为同一光谱色在 2°视场和 10°视场下的三刺激值不同，也就是匹配这种颜色时，所需的原色的比例和数量不同，导致匹配出的颜色的光谱组成不同。假设在 2°视场下（CIE 1931）颜色相匹配的两种色光（视觉效果相同），具有相同的色度坐标，但是它们在 10°视场下（CIE 1964）就不一定能匹配了（因为色光的三刺激值变了）。同理，在 10°视场下（CIE 1964）匹配的色光，2°视场下（CIE 1931）就不一定能匹配了。实际上，在 2°视场下（CIE 1931）和 10°视场下（CIE 1964）两个色度图能重合的色度点，只有等能白光点 E。

研究还发现，用小视场观察颜色时，人眼对颜色差异的辨别能力较低。当观察视场逐渐增大时，颜色匹配的精度也随之提高。但如果视场再进一步增大到 10°以上，颜色匹配精度的提高就不大了。

第四节　CIE 标准照明体和标准光源

物体的颜色与照明光源有很大关系，日常生活中人们知道，一张白纸，在日光（太阳光是白光）下看时是白色的，但如果把它放到红色的灯光下，就会变成红色。也就是说，同一物体在用不同的光源照明时会显现出不同的颜色。那么，在测量某种颜色时，如果所使用的照明光源不同，则测量的结果也会有差异。为了统一颜色的评价标准和进行色度计算，使颜色信息便于传递和复制，国际照明委员会（CIE）推荐了标准照明体和标准光源。为了把光源本身的颜色特性描述清楚，这里必须先了解色温的概念。

一、黑体和色温度

（一）黑体和发射率

所谓黑体，就是指能吸收所有的外来辐射并全部再辐射的辐射体，这是一种理想状态下的物体。自然界中不存在这种理想的黑体。一般辐射体称为灰体，它们和理想黑体之间的差别可以用发射率来描述。发射率就是指真实物体辐射能量与同温下黑体的辐射能量之比。显然，发射率是一个大于或等于 0，而小于或等于 1 的正数。一个物体的发射率是其辐射波长和温度的函数，它表示了该物体的辐射能力。理想黑体的发射率在任何温度和波长下都为 1。

普朗克辐射定律描述了黑体单位表面积在波长 λ 附近，单位波长间隔内向整个半球空间发射的辐射功率（简称为光谱辐射度）和波长 λ、绝对温度 T 的关系。如果以波长为横坐标，以黑体光谱辐射度为纵坐标，在不同的温度下可以画出不同的曲线，这些曲线是不相交的，而且每条曲线有一个极大值。在黑体辐射电磁波中的任何一个波长下，温度越高，光谱辐射度就越大。

黑体辐射的最大辐射度所对应的辐射波长与黑体温度的乘积是个常数。所以随着黑体的温度降低，峰值波长要向波长增大的方向移动。例如，当关掉正常发热的电炉时，随着温度的下降，电炉丝的颜色从明亮（黄）变到暗红，最后恢复到电炉丝的本色，就是这个道理。

黑体的辐射能力，就是指黑体在单位时间内以电磁辐射的形式发射的能量，其大小与绝对温度的四次方成正比（$P = \varepsilon T^4$）。所以，黑体的温度越高，辐射的功率就越大，这与人们的直观感觉是相同的。

同样，可以把黑体辐射度波长与温度之间的关系、辐射能力与温度之间的关系推广到普通辐射体，只是具体关系有些差别，只要引入发射率的概念，也就是说以黑体辐射计算得到的结果按发射率的大小乘以一个相应的系数，就可以得到真实物体的辐射情况。

黑体在温度较低的时候呈现黑色，但是当它受热、温度达到一定数值时，它就会像人们常见的钢铁、电炉丝、电灯灯丝等一样发光。所以，黑体是一类非常重要的光源。当温度较低时，会发出暗红色的光，随着其温度上升，它会逐渐变得像白炽灯泡的灯丝一样，温度越高就越亮，颜色趋向白色。

（二）色温度

用绝对温度 K（Kelvin）来表示，是将标准黑体加热，温度升高至某一程度时，颜色开始由红色、橙色、黄色、绿色、蓝色、靛（蓝紫）色、紫色，逐渐改变，利用这种光的颜色变化的特性，如果某光源发出的光颜色与黑体在某一温度下呈现的光颜色相同，将黑体这时的绝对温度称为该光源的色温度。

二、标准光源和标准照明体

人们看到的物体，例如，花、草、树、木、餐桌、椅子、书本、纸张、笔墨等，常常处在不同种光源的照明之下。现实生活中最重要的光源是太阳和电灯。对于日光，随着天空云层、季节、时相、地理位置的不同，它的光谱功率分布会有很大的差别。电灯光是人造光源，种类繁多，它们发出的光的光谱功率分布有很大的差别。人们知道，照明光源不同，物体显现出的颜色就会不同，为了使颜色测量具有使用价值和统一测量标准，国际照明委员会规定了标准光源和标准照明体。国际照明委员会对颜色的评价就是在它规定的光源或照明体下进行的。

国际照明委员会对"光源"和"照明体"做出了不同的定义。"光源"是指能发光的物理辐射体，如太阳、电灯等；而"照明体"是指某种特定的光谱功率分布，而这种光谱功率分布不是必须由某一个具体光源直接提供，也不一定需要某种光源来实现，它是用光谱功率分布曲线来表示的，甚至可以用表格的方式（分别列出不同辐射波长下的辐射功率）给出。

国际照明委员会推荐的标准照明体有 A、B、C、D（D_{65}、D_{55}、D_{75}）几种，它们的光谱功率分布如图 3-12 所示。

（一）标准照明体 A

标准照明体 A，代表"1986 年国际实用温标"绝对温度为 2856K 的完全辐射体的辐射。它可由国际照明委员会规定的 A 光源（充气钨丝灯泡）来实现。

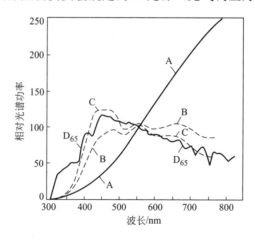

图 3-12　标准照明体 A、B、C、D_{65} 的相对光谱光功率分布曲线

（二）标准照明体 B

标准照明体 B，代表色温度大约为 4874K 的完全辐射体的光谱功率分布，它相当于中午的直射日光的光色。它可由国际照明委员会规定的 B 光源来实现，而 B 光源可用 A 光源加一组特定的戴维斯-吉伯逊（Davis-Gibson）液体滤光器 B_1、B_2 获得。液体滤光器 B_1、B_2 的溶液组成见表 3-1。由于标准照明体 B 不能正确代表相应时相的日光，目前已经不常用。

表 3-1　戴维斯-吉伯逊液体滤光器的溶液组成

液槽 1	B_1	C_1
硫酸铜（$CuSO_4 \cdot 5H_2O$）/g	2.542	3.412
甘露糖醇[$C_6H_5(OH)_5$]/g	2.542	3.412
吡啶（C_5H_5N）/mL	30.0	1000
蒸馏水加到/mL	1000	
液槽 2	B_2	C_2
硫酸钴铵[$CoSO_4(NH_4)_2SO_4 \cdot 6H_2O$]/g	21.71	30.580
硫酸铜（$CuSO_4 \cdot 5H_2O$）/g	16.11	22.520
硫酸（相对密度=1.835）/mL	10.0	10.0
蒸馏水加到/mL	1000	1000

（三）标准照明体 C

标准照明体 C，代表色温大约为 6774K 的完全辐射体的光谱功率分布，它的光色近似于阴天的天空光，通常叫做平均日光，它可用标准 C 光源来实现。标准 C 光源是由 A 光源加另一组特定的戴维斯-吉伯逊液体滤光器 C_1、C_2 来获得的。液体滤光器 C_1、C_2 的溶液组成见表 3-1。同样，由于标准照明体 C 不能正确代表相应时相的日光，正在逐渐被淘汰。

（四）标准照明体 D

标准照明体 D 分为 D_{55}、D_{65}、D_{75} 几种，它们相当于色温度为 5503K、6504K、7504K 的完全辐射体的光谱功率分布，分别代表各时相日光的相对光谱功率分布，也称为重组日光。它们的相对光谱功率分布比标准照明体 B 和 C 更接近实际日光的光谱光功率分布。

在 D_{65}、D_{55}、D_{75} 三种照明体中，D_{55}、D_{75} 常用作辅助照明体，而 D_{65} 照明体因其光谱功率分布不仅在可见光谱部分与日光很接近，而且在其辐射光谱中的紫外部分也与日光非常接近，所以常常被用于测色仪器的照明，尤其是对荧光样品的测量非常有利。

　　虽然 D_{65} 照明体具有很多优点，但是目前还没有相应的光源能够实现，只能用不同的光源（如高压氙弧灯、碘钨灯等）加各种滤光片的方法来获得模拟 D_{65} 照明体的光谱功率分布。例如，常用高压氙弧灯来模拟 D_{65} 照明体，所获得的光谱功率分布，如图 3-13 所示。

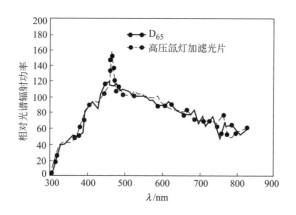

图 3-13　用高压氙弧灯模拟的 D_{65} 标准照明体的光谱功率分布曲线

第五节　色度计算方法

一、三刺激值的计算

　　对于某一种颜色，在某种光源（假设为 D_{65} 照明体）的照射下，就会在整个入射光波长范围内把入射光反射回来，照射到观察者眼中（或检测仪器探头），就可对该颜色进行测量。

　　参照等能白光三刺激值的定义，即用三原色匹配等能白光时所需的三原色的数量（光通量），本质上是等能光谱色三刺激值曲线与波长坐标所围成的区域的面积。这里不是讨论等能白光，而是任意一种颜色的反射光。假设入射光谱功率分布为 $S(\lambda)$，物体的分光反射率为 $\rho(\lambda)$，那么，物体反射光谱的功率分布就是 $S(\lambda)\rho(\lambda)$，因为 $2°$ 视场、$10°$ 大视场的标准色度观察者光谱三刺激值分别为 $\bar{x}(\lambda)$、$\bar{y}(\lambda)$、$\bar{z}(\lambda)$ 和 $\bar{x}_{10}(\lambda)$、$\bar{y}_{10}(\lambda)$、$\bar{z}_{10}(\lambda)$，所以在某一波长下匹配该波长下的反射光谱所需的三原色光量分别为 $S(\lambda)\rho(\lambda)\bar{x}(\lambda)$、$S(\lambda)\rho(\lambda)\bar{y}(\lambda)$、$S(\lambda)\rho(\lambda)\bar{z}(\lambda)$ （$2°$ 视场）或 $S(\lambda)\rho(\lambda)\bar{x}_{10}(\lambda)$、$S(\lambda)\rho(\lambda)\bar{y}_{10}(\lambda)$、$S(\lambda)\rho(\lambda)\bar{z}_{10}(\lambda)$ （$10°$ 大视场）。所以，在整个 $380\sim780nm$ 范围内，匹配反射光谱所需的三原色光通量，即反射光谱的三刺激值为

$$X = k \int_{380}^{780} S(\lambda) \rho(\lambda) \bar{x}(\lambda) \mathrm{d}\lambda \qquad X_{10} = k_{10} \int_{380}^{780} S(\lambda) \rho(\lambda) \bar{x}_{10}(\lambda) \mathrm{d}\lambda$$

$$Y = k \int_{380}^{780} S(\lambda) \rho(\lambda) \bar{y}(\lambda) \mathrm{d}\lambda \quad \text{或者} \quad Y_{10} = k_{10} \int_{380}^{780} S(\lambda) \rho(\lambda) \bar{y}_{10}(\lambda) \mathrm{d}\lambda \qquad (3\text{-}13)$$

$$Z = k \int_{380}^{780} S(\lambda) \rho(\lambda) \bar{z}(\lambda) \mathrm{d}\lambda \qquad Z_{10} = k_{10} \int_{380}^{780} S(\lambda) \rho(\lambda) \bar{z}_{10}(\lambda) \mathrm{d}\lambda$$

式中，k、k_{10}是常数，常常叫做调整因数。计算方法是

$$k = \frac{100}{\int_{380}^{780} S(\lambda) \bar{y}(\lambda) \mathrm{d}\lambda}, \ k_{10} = \frac{100}{\int_{380}^{780} S(\lambda) \bar{y}_{10}(\lambda) \mathrm{d}\lambda} \qquad (3\text{-}14)$$

在上面已经推导出的三刺激值的计算公式中，因为入射光的光谱功率函数 $S(\lambda)$ 的表达式是未知的，即使用回归的方式获得的表达式也很复杂，所以，此积分计算实际上是不能进行的。但是，所谓积分值，可以理解为函数曲线在积分区间内与横坐标所围成的面积。于是，就可以用求和的方式来近似地计算此积分值。近似计算积分值的方法有多种，这里只讲述等间隔波长法。

等间隔波长法的实质，就是在坐标系中把积分函数曲线绘出（函数表达式未知时，可用实验数据用描点法获得），然后把无限小的积分量间隔 $\mathrm{d}\lambda$ 放大成较大的间隔 $\Delta\lambda$，这样就可以把整个曲线与横坐标之间所围成的区域分成若干个近似矩形，只需把这些矩形的面积相加，就得到了在积分区间范围内曲线与横坐标所围成的面积，即积分值。

所以，三刺激值的计算式就转换成：

$$X = k \int_{380}^{780} S(\lambda) \rho(\lambda) \bar{x}(\lambda) \mathrm{d}\lambda = k \sum_{i=1}^{n} S(\lambda) \rho(\lambda) \bar{x}(\lambda) \Delta\lambda_i$$

$$Y = k \int_{380}^{780} S(\lambda) \rho(\lambda) \bar{y}(\lambda) \mathrm{d}\lambda = k \sum_{i=1}^{n} S(\lambda) \rho(\lambda) \bar{y}(\lambda) \Delta\lambda_i \qquad \text{或}$$

$$Z = k \int_{380}^{780} S(\lambda) \rho(\lambda) \bar{z}(\lambda) \mathrm{d}\lambda = k \sum_{i=1}^{n} S(\lambda) \rho(\lambda) \bar{z}(\lambda) \Delta\lambda_i$$

$$X_{10} = k_{10} \int_{380}^{780} S(\lambda) \rho(\lambda) \bar{x}_{10}(\lambda) \mathrm{d}\lambda = k_{10} \sum_{i=1}^{n} S(\lambda) \rho(\lambda) \bar{x}_{10}(\lambda) \Delta\lambda_i$$

$$Y_{10} = k_{10} \int_{380}^{780} S(\lambda) \rho(\lambda) \bar{y}_{10}(\lambda) \mathrm{d}\lambda = k_{10} \sum_{i=1}^{n} S(\lambda) \rho(\lambda) \bar{y}_{10}(\lambda) \Delta\lambda_i$$

$$Z_{10} = k_{10} \int_{380}^{780} S(\lambda) \rho(\lambda) \bar{z}_{10}(\lambda) \mathrm{d}\lambda = k_{10} \sum_{i=1}^{n} S(\lambda) \rho(\lambda) \bar{z}_{10}(\lambda) \Delta\lambda_i \qquad (3\text{-}15)$$

实际上，每个 $\Delta\lambda_i$ 都是相等的（因为是等间隔波长法）。$\Delta\lambda_i$ 分得越小，所得到的矩形就越接近真正的矩形，也就是说计算值越精确。实际计算时，整个计算过程都由仪器（计算机）自动进行，其中 $\Delta\lambda_i$ 根据所需结果的精确程度来确定，精度要求高的，可把 $\Delta\lambda_i$ 确定为 $\Delta\lambda_i = 1\mathrm{nm}$；精度要求低的，可把 $\Delta\lambda_i$ 确定为 $\Delta\lambda_i =$

20nm。在仪器研制时，根据国际照明委员会的规定，$\Delta\lambda_i$ 不能超过20nm。$\Delta\lambda_i$ 分得越小，所分得的矩形就越多，计算就越繁琐，但是，为了保证必要的精度，不能把 $\Delta\lambda_i$ 分得太大。通过式（3-15），就可计算出某以颜色的三刺激值。

例如，要求出某颜色在 D_{65} 照明体照射下的三刺激值，就可以按上述方法一步一步地求出相应的数值，计算过程列于表3-2中。

表3-2　在 D_{65} 照明体照射下的样品色三刺
激值的等间隔波长计算法举例

λ/nm	$\rho(\lambda)$	$S(\lambda)\bar{x}(\lambda)$	$S(\lambda)\bar{x}(\lambda)\rho(\lambda)$	$S(\lambda)\bar{y}(\lambda)$	$S(\lambda)\bar{y}(\lambda)\rho(\lambda)$	$S(\lambda)\bar{z}(\lambda)$	$S(\lambda)\bar{z}(\lambda)\rho(\lambda)$
380	0.688	0.006	0.002	0.000	0.000	0.030	0.008
390	0.266	0.022	0.006	0.001	0.000	0.104	0.028
400	0.263	0.112	0.029	0.003	0.001	0.532	0.140
410	0.258	0.377	0.097	0.010	0.003	1.796	0.463
420	0.250	1.188	0.297	0.035	0.009	5.706	1.427
430	0.243	2.329	0.566	0.095	0.023	11.368	2.762
440	0.236	3.457	0.816	0.228	0.053	17.342	4.093
450	0.231	3.722	0.860	0.421	0.097	19.620	4.532
460	0.226	3.242	0.733	0.669	0.151	18.607	4.205
470	0.221	2.124	0.469	0.989	0.219	14.000	3.094
480	0.220	1.049	0.231	1.525	0.336	8.916	1.962
490	0.222	0.330	0.073	2.142	0.476	4.789	1.063
500	0.229	0.051	0.012	3.344	0.766	2.816	0.644
510	0.232	0.095	0.022	5.131	1.190	1.614	0.374
520	0.231	0.627	0.145	7.041	1.626	0.776	0.179
530	0.233	1.687	0.393	8.785	2.047	0.430	0.100
540	0.242	2.869	0.694	9.425	2.281	0.200	0.048
550	0.259	4.266	1.105	9.792	2.536	0.086	0.022
560	0.279	5.625	1.569	9.415	2.627	0.037	0.010
570	0.306	6.945	2.125	8.675	2.655	0.019	0.006
580	0.350	8.307	2.907	7.887	2.760	0.015	0.005
590	0.400	8.614	3.446	6.354	2.542	0.009	0.004
600	0.435	9.049	3.936	5.374	2.338	0.007	0.003
610	0.453	8.501	3.851	4.265	1.932	0.003	0.001
620	0.461	7.091	3.269	3.162	1.458	0.002	0.001
630	0.463	5.064	2.345	2.089	0.967	0.000	0.000
640	0.463	3.547	1.642	1.386	0.642	0.000	
650	0.462	2.146	0.991	0.810	0.374	0.000	
660	0.463	1.251	0.579	0.463	0.214	0.000	
670	0.465	0.681	0.317	0.249	0.116	0.000	
680	0.467	0.346	0.162	0.126	0.059	0.000	
690	0.470	0.150	0.071	0.054	0.025		
700	0.474	0.077	0.036	0.028	0.013		
710	0.477	0.041	0.020	0.015	0.007		
720	20.480	0.017	0.008	0.006	0.003		

续表

λ/nm	$\rho(\lambda)$	$S(\lambda)\bar{x}(\lambda)$	$S(\lambda)\bar{x}(\lambda)\rho(\lambda)$	$S(\lambda)\bar{y}(\lambda)$	$S(\lambda)\bar{y}(\lambda)\rho(\lambda)$	$S(\lambda)\bar{z}(\lambda)$	$S(\lambda)\bar{z}(\lambda)\rho(\lambda)$
730	0.482	0.009	0.004	0.003	0.001		
740	0.484	0.005	0.002	0.002	0.001		
750	0.486	0.002	0.001	0.001	0.000		
760	0.487	0.001	0.000	0.000			
770	0.488	0.000	0.000	0.000			
780	0.488	0.000	0.000	0.000			
合计			$X=33.831$		$Y=30.548$		$Z=25.174$

　　等间隔波长法是近代测色仪器进行色度计算的理论基础。为了便于理解，这里把物体表面颜色三刺激值计算的过程进行图解分析，如图 3-14 所示。

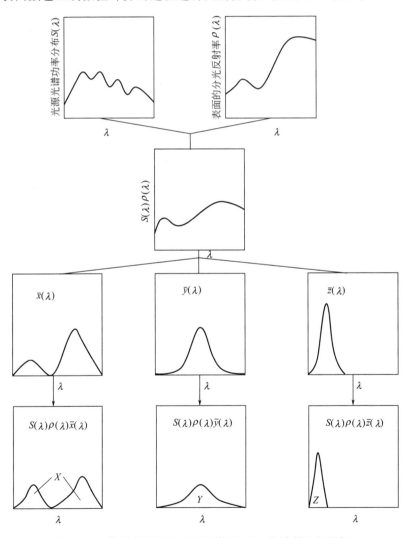

图 3-14　物体表面颜色三刺激值 X、Y、Z 计算过程图解

二、色度坐标的计算

计算出颜色在某种光源下的三刺激值之后，就可以进行色度坐标的计算。具体方法是：

$$x = \frac{X}{X+Y+Z}, \quad y = \frac{Y}{X+Y+Z}, \quad z = \frac{Z}{X+Y+Z}$$

或者 $x_{10} = \dfrac{X_{10}}{X_{10}+Y_{10}+Z_{10}}, \quad y_{10} = \dfrac{Y_{10}}{X_{10}+Y_{10}+Z_{10}}, \quad z_{10} = \dfrac{Z_{10}}{X_{10}+Y_{10}+Z_{10}}$　(3-16)

值得注意的是，在进行物体表面颜色的三刺激值和色度坐标计算时，光源的光谱功率分布和物体表面颜色的分光反射率（如是透明样品，须测出透射率）是需要用仪器先测量出来的，在进行颜色实际测量时，仪器已经首先将这两个参数 $S(\lambda)$ 和 $\rho(\lambda)$ 测得，并自动地进行了乘积计算。而且仪器中已经储存有 2°视场、10°大视场的标准色度观察者光谱三刺激值 [分别为 $\bar{x}(\lambda)$、$\bar{y}(\lambda)$、$\bar{z}(\lambda)$ 和 $\bar{x}_{10}(\lambda)$、$\bar{y}_{10}(\lambda)$、$\bar{z}_{10}(\lambda)$]，至于 $\Delta\lambda_i$，是在仪器设计时就已经确定了的，所以仪器按照编好的程序，就能直接输出颜色的三刺激值、色度坐标值。

第六节　颜色的主波长和兴奋纯度计算

通过前面的讨论，已经建立了颜色的表示系统（简称表色系统），如 CIE 1931-XYZ 系统，也进行了色度参数的计算，实现了用数字描述颜色的目标。但是，如果只给一些数字，是很难与直观的颜色建立起联系的，换句话说，就是仅用数字来描述颜色，是不直观的。例如，$Y = 30.050$、$x = 0.3927$、$y = 0.1892$ 和 $Y = 3.130$、$x = 0.4543$、$y = 0.4573$，只有把这些参数与色度图结合起来，才能知道它们分别表示带红光的蓝色和暗黄色。由此可见，仅用色度参数表示颜色，在实际生活中是很不方便的。为了解决这一问题，结合颜色的三个属性，提出了与三个属性相关的主波长和兴奋纯度的概念，把颜色直观化。

一、主波长的计算

颜色主波长的定义是：如果某种光谱色按一定的比例与一个确定的标准光源（如国际照明委员会推荐的标准光源 A、B、C 或 D_{65}）发出的光谱相加之后得到新的混合色 S_1，那么这种光谱色的波长就是新的混合色 S_1 的主波长。主波长用符号 λ_d 表示。颜色的主波长，大致对应于颜色的色调这种属性，但是又不能完全等同对待。值得注意的是，并不是所有的颜色都有主波长，色度图中连接白光点和光谱轨迹两端点所形成的三角形区域内各色度点对应的颜色都没有主波长。因此，再引入补色波长的概念。如果分别以适当比例把某种波长的光谱色与颜色 S_2 相加混合，能匹配出某一种确定的参照白光（如标准光源 A、B、C 或 D$_{65}$ 发出的光），这种光谱色的波长就叫做颜色 S$_2$ 的补色波长。补色波长用符号 $-\lambda_d$ 或 λ_c 表示。

如果已知样品的色度坐标 x、y 和光源所发出的光的色度坐标（白光点）x_w、y_w，就可以用以下两种方法确定样品色的主波长或补色的波长。

（一）作图法

如图 3-15 所示，在色度图上标出标准光源的色度点——白光点（O 点），由 O 点向颜色 S$_1$ 引一直线，延长直线与光谱轨迹相交于 L 点，交点 L 的光谱色波长就是样品色 S$_1$ 的主波长 λ_d，可以从色度图中得到样品色 S$_1$ 的主波长为 $\lambda_d=583nm$。至于补色波长，以样品 S$_2$ 为例说明，在色度图上标出样品色 S$_2$ 的位置，由样品色点 S$_2$ 向白光点 O 引一直线，延长此直线并与光谱轨迹相交，交点处的光谱色波长就是样品色的补色波长。图中所示 S$_2$ 的补色波长 $\lambda_c=530nm$，也可写成 $\lambda_d=-530nm$。

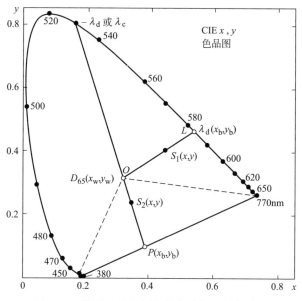

图 3-15　作图法确定颜色的主波长和补色波长

（二）计算法

计算法是根据色度图上连接白光点与样品色度点的直线的斜率，再查表读出该样品色的主波长。附录七列出了光谱色在国际照明委员会推荐的标准光源 A、B、C、E 的主波长线的斜率值。

连接白光点 (x_w, y_w) 与样品色点 (x, y) 所得直线的斜率可用式(3-17)计算。

$$斜率=\frac{x-x_w}{y-y_w} \quad 或 \quad 斜率=\frac{y-y_w}{x-x_w} \tag{3-17}$$

在这两个斜率中选择绝对值较小一个，查附录七，就可得到样品色的主波长或补色波长。

值得注意的是，如果在查表时表中没有直接对应的点，就要用线性内插法来求得。

二、兴奋纯度和色纯度

色纯度是指样品色接近与样品色具有同一主波长的光谱色的程度。色纯度可用兴奋纯度和色度纯度两种方法表示。

（一）兴奋纯度

在 CIE 1931-xy 色度图中，在样品色主波长线上，用标准光源点到样品色度点之间的距离与标准光源点到光谱色度点（或标准光源点到纯紫轨迹上的样品色补色波长色度点）之间的距离的比值来表示颜色纯度，就叫做兴奋纯度。换句话说，一种颜色的兴奋纯度，就是同一主波长的光谱色被白光（该白光就是由前述的标准光源点所对应的标准光源所发出的）冲淡后所具有的饱和度。

在图 3-15 中，对于样品色 S_1，第一条线段是由白光点到样品色度点的距离 OS_1，第二条线段是由白光点到此线的延长线与光谱轨迹的交点之间的距离 OL，如果以符号 P_e 表示兴奋纯度，那么 $P_e = \dfrac{OS_1}{OL}$。样品色 S_2 的兴奋纯度为 $P_e = \dfrac{OS_2}{OP}$。

一种颜色的兴奋纯度表示了与这种颜色具有同一主波长的光谱色被白光冲淡的程度，P_e 可用色度坐标计算。

$$P_e = \frac{x - x_w}{x_\lambda - x_w} \text{ 或 } P_e = \frac{y - y_w}{y_\lambda - y_w} \tag{3-18}$$

式中，x，y 是样品色的色度坐标；x_w，y_w 是白光点的色度坐标；x_λ，y_λ 是样品色度坐标点和白光点连线与光谱轨迹的交点（具有主波长时）或此连线与纯紫轨迹的交点（具有补色波长时）的色度坐标。

在计算发光体所发出的色光的主波长和兴奋纯度时，一般采用等能白光 E 点作为白光点；对于非发光体的颜色可以采用国际照明委员会推荐的标准照明体（A、B、C、D_{65}）作为参照白光。从兴奋度的定义可以看出，因各种照明体（参照白光）的色度点并不重合，所以样品的主波长和兴奋纯度随着参照白光选用的不同而不同。式(3-18) 中 P_e 的两个计算式，计算结果应相同，但是如果样品色度点与主波长点连线（或补色波长线）接近垂直于色度图的 y 轴，也就是 y、y_w、y_λ 很接近时，采用 $P_e = \dfrac{x - x_w}{x_\lambda - x_w}$，因为用另一式计算误差很大；反之，当此连线接近垂直于色度图 x 轴时，x、x_w、x_λ 就很接近，应该采用 $P_e = \dfrac{y - y_w}{y_\lambda - y_w}$。

对于标准光源所发出的色光的色度点和光谱色色度点，它们的兴奋纯度，不难从兴奋纯度的定义式得到，分别是 0 和 100％。

（二）色度纯度

色度纯度是指样品色总亮度中与样品色具有同一主波长的光谱色所占的比例。这是用亮度比例来表示颜色纯度的方法，用符号 P_C 表示。

$$P_C = \frac{Y_\lambda}{Y}$$

(3-19)

式中，Y_λ 是与样品色具有同一主波长的光谱色的亮度；Y 是样品色的总亮度。

用色度坐标（一组数据）表示颜色虽准确，但不直观；而用主波长和色纯度来表示颜色，却能表明一种颜色的色调及饱和度的大致情况，能给人以较为直观的感觉。根据颜色的主波长，可以比较两种颜色中哪一种更接近某种光谱色的色调；根据兴奋纯度，可以判断两种颜色中哪一种颜色具有更高的饱和度。

值得注意的是，颜色的主波长只能是大致对应于日常生活中所说的颜色色相，因为恒定主波长线上的颜色并不对应着恒定的色相（在 CIE 1931-xy 色度图中恒定主波长线并不是直线）；同样，颜色的兴奋纯度也只能是大致对应于颜色的饱和度，两者不能等同，因为 CIE 1931-xy 色度图上的等饱和度线上各点对应的兴奋程度并不相等。这些知识，将在后续章节中讲述。为了使人们把色度图与其所表示的颜色较为直观地联系起来，人们把 CIE 1931-xy 色度图上各色度点范围所表示的颜色区域标明在色度图上，便于人们产生直观的印象，如图 3-16 所示。

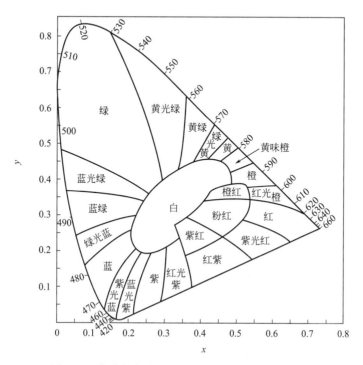

图 3-16　各种颜色在 CIE 1931-xy 色度图上的位置

习 题

1. 简述用红色、绿色、蓝色三原色做颜色匹配实验的过程。

2. 试推导颜色方程，并说明各符号所表示的意义。

3. 在 r-g 色度图中，什么是光谱轨迹、纯紫轨迹？它们各表示的含义是什么？三原色点所围成的三角形区域内、外点所表示的颜色，在用三原色匹配时有什么不同？

4. 详细说明从 CIE 1931-RGB 系统向 CIE 1931-XYZ 系统转换时假想三原色 (X)、(Y)、(Z) 的色度坐标是怎样确定的？

5. CIE 1931-XYZ 系统中三刺激值的物理意义是什么？三刺激值曲线与波长围成的区域的面积又表示什么？

6. 2°视场和 10°视场下的色度图有什么不同？在 2°视场下能匹配的两种颜色在 10°视场下能匹配吗？为什么？

7. 分别说明 CIE A、B、C、D$_{65}$ 标准照明体的色温度和相当于何种光谱光功率分布，并分别说明它们可由什么方式实现。

8. 用等间隔波长法计算三刺激值时，为什么 $\Delta\lambda$ 越小，计算结果越精确？

9. 主波长和兴奋纯度的定义是什么？它们大致相当于颜色的什么属性？

第四章
均匀颜色空间及色差计算

通过前面 CIE 1931-XYZ 色度系统的学习，已经实现了用数据来描述颜色（解决了颜色量化的问题），根据颜色匹配试验，如果某种色光的三刺激值是 X、Y、Z，那么这种颜色使人眼产生的颜色感觉与用 X 倍的 (X) 原色光光通量、Y 倍的 (Y) 原色光光通量、Z 倍的 (Z) 原色光光通量相加混合后得到的混合色光使人眼产生的颜色感觉是相同的，即它们能使人眼产生同样的颜色感觉。如果色光的三刺激值不同，那么它们使人眼产生的颜色感觉就不同。如果两种颜色与目标色的三刺激值差 ΔX、ΔY、ΔZ 相同，人眼所感觉到的颜色差别会有所不同。另一方面，两种对目标色而言三刺激值差很小的两种颜色，人眼看起来可能会有很大的差异（可能色相都不相同）。

在日常的调色和染色工作中，人们常常需要鉴别样品色与目标色之间的差别，而且同样需要把这种颜色之间的差别量化，即用数据来描述。把颜色之间的视觉差别简称为色差。因为在前面介绍的 CIE 1931-XYZ 色度系统中，用三刺激值差表示色差时，不能与人眼的颜色感知建立相对应的关系，因此如果能找到某一个颜色空间，在该三维空间中的每个点都对应一种颜色，能用空间中两点之间的距离表示两种颜色的色差，而且在这个空间中只要两颜色点之间的距离相等，人眼看起来都具有相同的颜色视觉差异，那么该颜色空间就是均匀颜色空间，简称均匀色空间。为找到这样的均匀色空间，国际照明委员会做了大量的工作，而且世界各个国家、地区、各行业的颜色科学工作者都在为此进行不懈的努力，得到了一些形式不同的、适合于自己民族和行业的、均匀性能被人们接受的颜色空间，实际上是一些近似的均匀色空间。

第一节　均匀颜色空间

把两种颜色在颜色知觉上的差异叫做色差，它包括颜色所有属性的差别：明度差、饱和度差和色相差三个方面。每一种颜色都能在 CIE 1931-XYZ 颜色空间中找到一个与之相对应的色度点，所以如果能用两色度点之间的距离来表示这两个点所代表的颜色之间的差异，那么色差的表示就很简单了。在可见光谱中，眼睛对各种光谱色的逐渐变化有一个辨认阈限，也就是当波长在一定范围内变化时，人眼感觉到的是同种光谱色，在此波长范围内眼睛感觉不到光谱色颜色的变化。这种波长的变化是一维的。经研究发现，在 CIE 1931-XYZ 颜色空间中，这种变化可以推广为色度坐标的二维变化，即每一种颜色视觉对于人眼来说实际上是一个范围，也就是在此色空间中，颜色色度点的位置发生微小的变化时，人的眼睛并不能分辨出颜色已经变化了，在这范围内的所有的色度点对应的颜色人眼看起来都是同一种颜色，而且这一微小范围，在该颜色空间中的不同区域，范围的大小各不相同：在有的地方这种范围较小，在有的地方这种范围较大。为了说明这个问题，莱特（W. D. Wright）和麦克亚当（D. L. MacAdan）分别从一维、二维的角度出发绘出了莱特线段图和麦克亚当椭圆图，如图 4-1 和图 4-2 所示。

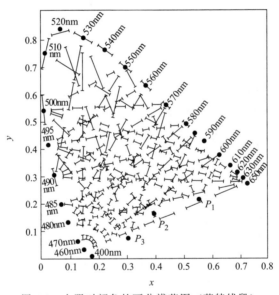

图 4-1　人眼对颜色的可分辨范围（莱特线段）

根据莱特的实验结果，在 CIE 1931-xy 色度图中，他标出的每一线段上的各个色度点所对应的颜色，人眼看来都是同一种颜色。

从图 4-1 中可以看到，在色度图中不同区域的线段的长度并不相同：在绿色区域的线段要比在紫色区域的线段长得多。换句话说，就是在 CIE 1931-xy 色度图上的不同区域，当人眼刚好能分辨出两色度点所对应的颜色是不同种颜色时，这两色度点之间的距离是不恒定的。

在麦克亚当椭圆图可以看到，在 CIE 1931-xy 色度图的不同位置分布着面积大小不相等的 25 个椭圆。在每个椭圆中的各个色度点所对应的颜色人眼的视觉效果相同，即感觉到是同一种颜色。这些椭圆在紫色区域面积很小，而在绿色区域则要大得多。同样说明当人眼刚好能分辨出两色度点所对应的颜色是不同种颜色时，这两色度点之间的距离是不同的。

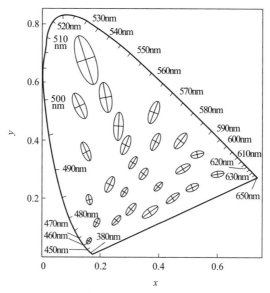

图 4-2　麦克亚当椭圆（放大 10 倍）

由莱特和麦克亚当的实验结果都可以看出，在 CIE 1931-xy 色度图中，如果用两色度点之间的距离来表示色差，那么在此空间中不同部位要表示相同的色差大小，所用的线段长度是不一样的，所以不能用两色度点之间的距离来表示色差，从而也说明 CIE 1931-XYZ 颜色空间是不均匀的。从上述讨论可得出结论，只有当色空间满足条件：在此色空间的色度图上的任何部位，任何两个距离相等色度点所对应的颜色，使人眼产生的颜色感知的差别都相同，这时，才能用两色度点间的距离来表示色差，这样的色空间才是均匀色空间。

由于在不均匀颜色空间中表示色差很不方便，人们为了使色差的表示、计算变得简单明了，对均匀色空间进行了长期的研究，并根据自己建立的（近似）均匀色空间，提出了相应的色差计算公式。例如 CIE 1960UCS 均匀颜色空间和 CIE 1976$L*a*b*$ 均匀颜色空间等。这里对 CIE 1960UCS 均匀颜色空间作简要介绍，至于 CIE 1976$L*a*b*$ 均匀颜色空间，后续章节将会讲到。

国际照明委员会在 1960 年根据麦克亚当的实验结果制定了 CIE 1960UCS 均匀色度图，简称 CIE 1960UCS 图或 u-v 色度图。用 u、v 作为新色度图的色度坐标，它们与 CIE 1931-xy 色度坐标的转换关系是

$$u = \frac{4x}{-2x+12y+3} \quad v = \frac{6y}{-2x+12y+3} \tag{4-1}$$

如果用三刺激值直接转换，u、v 与三刺激值的关系式为

$$u = \frac{4X}{X+15Y+3Z} \qquad v = \frac{6Y}{X+15Y+3Z} \qquad (4\text{-}2)$$

u、v 与 CIE 1931-XYZ 标准色度观察者光谱三刺激值之间的关系是

$$\bar{u}(\lambda) = \frac{2}{3}\bar{x}(\lambda), \bar{v}(\lambda) = \bar{y}(\lambda), \bar{w}(\lambda) = \frac{1}{2}[-\bar{x}(\lambda) + 3\bar{y}(\lambda) + \bar{z}(\lambda)] \qquad (4\text{-}3)$$

  在 CIE 1960UCS 色度图上绘出麦克亚当椭圆，如图 4-3 所示。从图上可看出，这些椭圆虽然还是大小不相等，所以该色空间只能算是近似均匀的。人眼颜色视觉差异相同的各种颜色在 UCS 色度图上相应色度点间的距离近似相等，所以，在此空间中用两种颜色对应的色度点之间的距离来表示两种颜色的色差大小，人们是可以接受的。

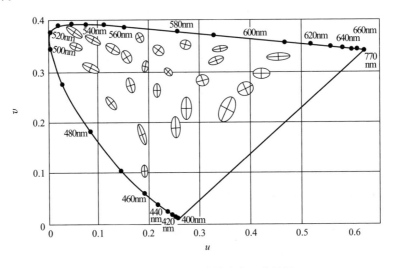

图 4-3　UCS 色度图中的麦克亚当椭圆

  对均匀色空间的研究，世界各个国家、地区以及各行业的颜色科学工作者都在为此进行不懈的努力。现存的均匀颜色空间有地域、行业之间的差别，它们都有各自比较适合的领域，总体上说，这些色空间的均匀性是有差别的。例如，由于行业不同，所采用的色空间的色相差、明度差、饱和度差对总色差的贡献并是不完全相同的。如在涂料行业中，明度差（即颜色明暗变化）对总色差的贡献往往没有色相差或饱和度（鲜艳度）差大。另一方面，颜色空间的均匀性，直接影响用该色空间计算出的色差结果与视觉之间的相关性好坏。

  为了使两颜色之间的色相差、明度差或饱和度差对总色差的贡献大致均衡，同时也为使色差计算值与人的视觉有更好的相关性，人们对建立在原有均匀颜色空间基础上的色差计算公式进行了"加权"处理。基于此目的，人们提出的色差公式有数十种之多，主要是因为不同国家的不同行业出于对视觉相关性和工作习惯的考虑，所采用的色差公式不统一。

  我国的颜色科学研究起步较晚，测色仪器大多是从国外引进的，来自世界

各国，因此，测色仪器内所安装的测色软件（含色空间和相应的色差计算公式）也多种多样。这些仪器生产商，为了使自己的仪器适用范围更广，大多数仪器软件都包含了多种色空间和色差计算公式。这里介绍几种常见的色差计算公式。

第二节　色差计算

随着国民经济的发展，颜色科学的应用日益广泛。在颜色应用过程中，色差的评估问题一直是颜色科学领域内和实际生活中的一个十分重要问题，不论是在涂料、油墨、塑料行业，还是在印染行业，几乎每天都需要客观地测量或评价两种给定的色样之间的色差，而且在这些行业中，为了满足用户需求而进行的颜色调配，已经逐渐成为企业工作中的一个重中之重的环节。例如，在家具行业，企业的颜色调配能力，牵涉到企业能否获得订单，危及到企业的生存和发展。长期以来，色差的评估问题一直被认为是工业界一项非常难以解决、而又十分迫切需要解决的问题。

色差计算，就是在用所选定的均匀色空间中，运用色差计算公式，计算出色差，为调色、产品检验等工作提供理论依据。这里介绍几种常见的均匀色空间以及相应的色差计算公式。

一、ANLAB 色差公式

用 ANLAB（Adams-Nickerson）（亚当斯-尼克尔森）色差公式计算出来的色差，与人眼的颜色感知相关性较好，所以在世界各国都被长期使用。此色差公式有计算比较繁琐的缺点，但是，也有便于理解的优点。其计算可分步进行。

如果用 L 表示明度指数，A、B 分别表示色度指数，用脚码 1 表示样品色，脚码 2 表示目标色，那么，样品色与目标色之间的（总）色差为

$$\Delta E = \sqrt{(\Delta L)^2 + (\Delta A)^2 + (\Delta B)^2} \tag{4-4}$$

式中，ΔL、ΔA、ΔB 分别是它们之间的明度差和色度差：

$$\Delta L = L_1 - L_2, \Delta A = A_1 - A_2, \Delta B = B_1 - B_2 \tag{4-5}$$

式中，L、A、B 又可由颜色的孟塞尔明度值 V_x、V_y、V_z 求出，

$$L = 9.66 V_y, A = 42(V_x - V_y), B = 16.8(V_y - V_z) \tag{4-6}$$

式中，V_x、V_y、V_z 又可由颜色的三刺激值 X、Y、Z 求得，但是需要解繁琐的方程组（此过程一般由计算机来完成）：

$$
\begin{cases}
\dfrac{100X}{X_{烟雾}} = 1.2219V_x - 0.23111V_x^2 + 0.23951V_x^3 - \\
\quad 0.021009V_x^4 + 0.0008404V_x^5 \\[2mm]
\dfrac{100Y}{Y_{烟雾}} = 1.2219V_y - 0.23111V_y^2 + 0.23951V_y^3 - \\
\quad 0.021009V_y^4 + 0.0008404V_y^5 \\[2mm]
\dfrac{100Z}{Z_{烟雾}} = 1.2219V_z - 0.23111V_z^2 + 0.23951V_z^3 - \\
\quad 0.021009V_z^4 + 0.0008404V_z^5
\end{cases}
\tag{4-7}
$$

式中，$X_{烟雾}$、$Y_{烟雾}$、$Z_{烟雾}$ 是烟雾氧化镁的三刺激值。通过逐步的计算，就可计算出样品色与目标色之间的色差。

应用亚当斯-尼克尔森色差公式，除了可以计算出总色差 ΔE 和明度差 ΔL 之外，还可以计算出色度差、饱和度差和色相差：

$$
\begin{cases}
色度差 : \Delta C_c = \sqrt{(\Delta A)^2 + (\Delta B)^2} \\[2mm]
饱和度差 : \Delta C_s = \sqrt{A_1^2 + B_1^2} - \sqrt{A_2^2 + B_2^2} \\[2mm]
色相差 : \Delta h = \sqrt{(\Delta C_c)^2 + (\Delta C_s)^2} \ 或 \ \Delta h = \sqrt{(\Delta E)^2 - (\Delta L)^2 - (\Delta C_s)^2}
\end{cases}
\tag{4-8}
$$

二、CIE 1976$L^*a^*b^*$色差公式及色空间

（一）CIE 1976$L^*a^*b^*$色差公式

在以孟塞尔表色系统为基础的色差公式中，最重要的是 ANLAB（Adams-Nickerson，亚当斯-尼克尔森）色差公式，这一公式曾得到广泛的应用。国际照明委员会对 ANLAB 色差公式进行了修正和简化，得出 CIE 1976$L^*a^*b^*$色空间及其色差公式。CIE 1976$L^*a^*b^*$可简写成 CIE LAB。在此空间中，L^* 是明度坐标，a^*、b^* 是色度坐标。如果用 X_0、Y_0、Z_0 表示理想白的三刺激值，那么，颜色三刺激值 X、Y、Z 和 L^*、a^*、b^* 之间的关系是：

$$
\begin{cases}
L^* = 116\sqrt[3]{\dfrac{Y}{Y_0}} - 16 = L \\[4mm]
a^* = 500\left(\sqrt[3]{\dfrac{X}{X_0}} - \sqrt[3]{\dfrac{Y}{Y_0}}\right) = A \\[4mm]
b^* = 200\left(\sqrt[3]{\dfrac{Y}{Y_0}} - \sqrt[3]{\dfrac{Z}{Z_0}}\right) = B
\end{cases}
\tag{4-9}
$$

使用式(4-9)进行计算是有条件的，必须满足式(4-10)。

$$\begin{cases} \dfrac{Y}{Y_0} < 0.008856 \\[2mm] \dfrac{X}{X_0} < 0.008856 \\[2mm] \dfrac{Z}{Z_0} < 0.008856 \end{cases} \tag{4-10}$$

否则，就按式(4-11)计算。

$$L^* = 903.3\,\frac{Y}{Y_0},\; a^* = 3893.5\left(\frac{X}{X_0} - \frac{Y}{Y_0}\right),\; b^* = 1557.4\left(\frac{Y}{Y_0} - \frac{Z}{Z_0}\right) \tag{4-11}$$

明度差：
$$\Delta L = L_1 - L_2 \tag{4-12}$$

饱和度差：$\Delta C_s = C_1 - C_2 = \sqrt{(a_1^*)^2 + (b_1^*)^2} - \sqrt{(a_2^*)^2 + (b_2^*)^2}$ (4-13)

式中，脚码1表示样品色；脚码2表示目标色。C_s 的物理意义是样品色与对应明度的中性灰色（消色）的饱和度的差，也就是表示颜色的鲜艳程度。ΔC_s 为负值，说明目标色比样品色要鲜艳；ΔC_s 为正值，说明样品色要比目标色鲜艳。

色度差：
$$\Delta C_c = \sqrt{(a_1^* - a_2^*)^2 + (b_1^* - b_2^*)^2} \tag{4-14}$$

色相差：
$$\Delta H = \sqrt{\Delta E^2 - \Delta L^2 - \Delta C_s^2} \tag{4-15}$$

色相差也可以用角度表示，即样品色与目标色的色相角之差。

$$\begin{cases} \Delta H^\circ = H_1^\circ - H_2^\circ \\[2mm] H^\circ = \arctan\dfrac{B}{A} \end{cases} \tag{4-16}$$

式中，H° 表示颜色的色相角，其取值范围是 $0^\circ \sim 360^\circ$。当 $\Delta H^\circ > 0$ 时，表示样品色的色度点在目标色的逆时针方向；当 $\Delta H^\circ < 0$ 时，表示样品色的色度点在目标色的顺时针方向。

CIE 1976$L^*a^*b^*$色差公式在实际生活中应用十分广泛，特别是在涂料、颜料染料制造、油墨、纺织印染、塑料等行业，在新色样的开发和产品颜色质量控制中，地位非常重要。这一色差公式的最大优点在于可把样品色与目标色之间的总色差分解成颜色的三属性差（明度差、饱和度差和色调差三个方面）。在实际应用中这是很重要的，例如在涂料产品检验中，如果仅根据总色差来判断，总色差达到一定程度就视为不合格，但是如果把总色差分成明度差、饱和度差和色调差三个方面来看，同样数值的总色差，如果是由色调差或饱和度差所引起，就需要大规模调整（重新考虑配方）；但如果总色差主要是由明度差所造成，那么只需稍微调整一下明度就可合格。

（二）CIE 1976$L^*a^*b^*$均匀色空间

CIE 1976$L^*a^*b^*$均匀色空间是一个三维坐标体系，由 a^* 轴和 b^* 轴构成的平面，表示颜色的色相和饱和度，L^* 轴垂直于此平面，表示颜色的明度，如

图 4-4 及彩图 6 所示。

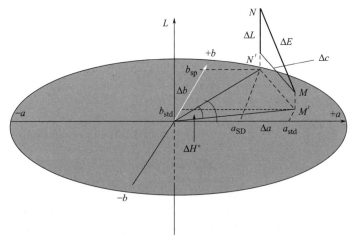

图 4-4　CIE $L^*a^*b^*$ 均匀色空间

图 4-4 中，N 是目标色，M 是样品，N'、M' 是它们在 a^* 轴和 b^* 轴构成的平面上的投影。虽然把 CIE $L^*a^*b^*$ 色空间说成是均匀色空间，实际上它只是一个近似均匀的色空间。假设处于不同颜色区域（例如分别在绿色区和紫色区）的两对样品，若测出（计算出）的色差值相等，用人眼视觉观察这两对样品时，色差感觉不一定相同。

虽然 CIE $L^*a^*b^*$ 色空间的均匀性还不能令人十分满意，但在目前已有的色空间中，它的均匀性还是较好的。因为绝对均匀的色空间是很难找到的。

三、CIE $L^*C^*H°$ 色空间

CIE $L^*C^*H°$ 色空间与 CIE $L^*a^*b^*$ 色空间的色度图相同，不同之处在于，CIE $L^*C^*H°$ 色空间采用柱面坐标表示，而 CIE $L^*a^*b^*$ 色空间采用三维直角坐标表示。其中，L^* 表示明度，C^* 表示饱和度，$H°$ 表示色相角。

明度：
$$L^*_{L^*C^*H°} = L^*_{L^*a^*b^*} \tag{4-17}$$

饱和度：
$$C^* = \sqrt{(a^*)^2 + (b^*)^2} \tag{4-18}$$

色相角：
$$H° = \arctan \frac{b^*}{a^*} \tag{4-19}$$

明度差：
$$\Delta L = L^*_1 - L^*_2 \tag{4-20}$$

饱和度差：$\Delta C^* = C^*_1 - C^*_2 = \sqrt{(a^*_1)^2 + (b^*_1)^2} - \sqrt{(a^*_2)^2 + (b^*_2)^2}$　(4-21)

色相角差：$\Delta H° = H°_1 - H°_2 = \arctan \dfrac{b^*_1}{a^*_1} - \arctan \dfrac{b^*_2}{a^*_2}$　(4-22)

色相差：
$$\Delta H = \sqrt{(\Delta E)^2 - (\Delta L)^2 - (\Delta C)^2} \tag{4-23}$$

式中，a^*、b^* 的计算方法与 CIE $L^*a^*b^*$ 色空间的相同；脚码 1 表示样品

色；脚码 2 表示目标色。

色相角差的物理意义是，当 $\Delta H^\circ > 0$ 时，表示样品色的色度点在目标色的逆时针方向；当 $\Delta H^\circ < 0$ 时，表示样品色的色度点在目标色的顺时针方向。

在调色工作中，不论是用 CIE $L^*a^*b^*$ 色空间还是用 CIE $L^*C^*H^\circ$ 色空间，一定要在脑海中随时都有色空间的印象，$+a^*$ 表示红色，$-a^*$ 表示绿色；$+b^*$ 表示黄色，$-b^*$ 表示蓝色。结合应用色相角差判断出来的样品色相对目标色的位置（是在逆时针方向，还是在顺时针方向），再针对目标色的具体颜色，就可以判断出所获得的样品色相对目标色而言：到底是偏红了、偏黄了、偏绿了、还是偏蓝了，这是修色的基础。具体判断方法，见表 4-1。

表 4-1　判断样品色相与目标色之间色相偏离的规律

目标色	ΔH 或 ΔH° 的正负	色相偏离	目标色	ΔH 或 ΔH° 的正负	色相偏离
红色	正	比目标色偏黄	绿色	正	比目标色偏蓝
红色	负	比目标色偏蓝	绿色	负	比目标色偏黄
黄色	正	比目标色偏绿	蓝色	正	比目标色偏红
黄色	负	比目标色偏红	蓝色	负	比目标色偏绿

第三节　色差单位及色差计算的实际意义

一、色差单位

前面介绍了几种计算色差的公式。对于每一种色差，会用给定的公式计算出数值，也知道了各种色差的物理意义，可是色差是以什么单位来计量的呢？而且色差要达到多大的值，人眼才能明显区别出是两种不同颜色呢？

以前人们常常采用 NBS（national bureau of standards）作为色差计算的单位，通过大量实验，也得出了它与人眼颜色感知之间的关系，见表 4-2。

表 4-2　以 NBS 为单位的色差大小与人眼颜色感知的关系

色差大小/NBS	0.5	0.5~1.5	1.5~3.0	3.0~6.0	6.0~12.0
人眼颜色感知	几乎感觉不到色差	稍有差别	明显差别	显著差别	差别非常显著

色差单位 NBS 是由贾德（Judd）-亨特（Hunter）获得的。UCS 色度图最先由贾德建立，曾经在相当长一段时间内，美国把此色度图作为色度计算的基础。后来斯科菲尔德（Scofeld）-贾德-亨特对它进行了改进，把它改成了 α-β 色度图，它与 x-y 色度图之间的转换关系是：

$$\alpha = \frac{2.4266x - 1.3136y - 0.3214}{1.0000x + 2.2633y + 1.1054} \tag{4-24}$$

$$\beta = \frac{0.5710x + 1.2447y - 0.5708}{1.0000 + 2.2633y + 1.1054} \tag{4-25}$$

色度坐标计算出来后，色差公式为：

$$\Delta E = \sqrt{[221Y^{\frac{1}{4}}(\Delta\alpha^2 + \Delta\beta^2)^{\frac{1}{2}}]^2 + [K\Delta(Y)^{\frac{1}{2}}]^2} \tag{4-26}$$

$$f_g = \frac{Y}{Y+K} \tag{4-27}$$

$$Y = \frac{Y_1 + Y_2}{2}(0 \leqslant Y \leqslant 100) \tag{4-28}$$

$$\Delta(Y)^{\frac{1}{2}} = \sqrt{Y_1 + Y_2} \tag{4-29}$$

式中，K 是表面光泽系数，在各行业中测定样品时 K 都取相应的经验值（受观测条件的影响），在普通实验室中，有光泽的表面 $K = 2.5$，无光泽的表面 $K = 0$，半光泽的表面 $K = 1$。

当用这一色差公式求得的两种颜色之间的色差值为 1 时，就定义为 1NBS。NBS 曾经被作为衡量色差大小的基准单位，使用了相当长的一段时间。随着世界经济的发展，各行业所采用的色差公式的不断增多，目前人们一般采用标注所用的色差计算公式的方法来表示色差单位，如果色差值等于 1，就作为 1 色差单位，如 $1\Delta E_{CIE\ LAB}$、$5\Delta E_{AN50}$ 等。

目前虽然大多数情况下用标注所用色差计算公式的方法来表示色差大小，但仍然有使用 NBS 作为单位的情况。大多数色差公式的色差单位与 NBS 相近，可以近似地用 NBS 色差单位与人眼的颜色知觉相关性来理解它们与视觉的相关性。但是，并非所有的色差公式都是如此，有的色差公式计算出的 1 色差单位的色差与 1NBS 相差很远。

二、色差计算的实际意义

（一）涂料行业

色差计算，在涂料行业中的意义十分重大，主要表现在两个方面。

1. 指导企业生产

涂料企业在进行色漆生产时，不能按计划经济时代只生产几种固定颜色的产品，而是必须根据用户的要求，按订单进行颜色的实际调配、生产。对于大宗用户而言，企业一旦选中某种颜色，就会把这种颜色作为样板色（目标色）提供给涂料生产企业，涂料生产商接到的是颜色样板，必须根据样板色进行颜色测定，测出各种表色数据，储存在计算机中（也就是把样板色当成目标色储存在计算机中）。然后再根据企业所使用的基础漆（白漆）、颜料（色浆）的基础数据库（事先已经建立了数据库），用测色配色系统进行配方设计（也有凭经验进行调色，获得满意的试配色或其配方的）。并不是测色配色系统一次给出的配方，就能调出目标色来的。

而是需要对配方进行多次修正，才能获得满意的试配色或可行的配方。配方修正的根据是用系统上一次给出的配方所调得的颜色与目标色的色差大小。只有经过多次的配方修正后，按所得的配方调出的颜色才与目标色接近。当调出的颜色与目标色之间的色差小到人眼察觉不到时，用于调此颜色的配方就可以用于指导实际生产，在别的生产环节不出问题的前提下，可保证用此配方所生产的涂料能满足用户要求，或者说所调配的颜色能满足客户要求。

从目标色的测量，到每次配方的修正，都是以色差测量（计算机自动计算）为基础的，而且，最后生产出的产品，还需要质量检验，检验时把所生产的色漆制成漆膜，再用色差仪进行测量，如果与目标色的色差小到人眼分辨不出来的程度，就可以视为产品合格，产品可以出厂。

由此可见，在涂料生产企业进行色漆生产的每一个环节，都离不开色差的测量，显示出色差计算的重要意义。

2. 涂料销售店

对于小宗的涂料销售，原理与上述的相同，只是生产（调配）量少，一般是在涂料销售店完成。例如，某用户需要进行家居的装修，包括内外墙面、各种家具等。它可以从店内准备的色卡集中选出自己喜欢的颜色，由店内的工作人员进行现场调配，调出用户所需颜色的涂料，再售给用户。这一过程同样包含了目标色（用户所选定的颜色）的测定、颜色配方设计、颜色配方修正、检验等与色差计算有关的环节。

以前的测色、配色工作，因为没有仪器进行客观测定，只能靠有经验的调色工作者来完成。但是，如果是人工调色，有很大的不确定性。如调色工作者的心情好坏、不同的调色者视力差别、光照情况（是白炽灯还是日光灯）、天气情况（晴天、阴天还是雨天，是上午、中午还是下午）等，都会使测色、调色结果有很大差别。因此，现在的调色工作，目测的方法逐渐地被调色系统所取代。

（二）纺织行业的应用

纺织行业所用的染料与涂料行业用的颜料，其主要作用都是使纺织品或涂料着色。但染料着色时，是以分子形式进入织物纤维起作用的；而涂料中的颜料着色时是以粒子形式起作用的。

对于染料着色结果的好坏，纺织行业中用染色牢度来描述。织物染色后，染色牢度如何，处于哪一个级别，是需要评价的。评价染色牢度的最基本的依据就是经过处理后的样品与原样品之间的颜色对比，也就是它们之间的色差。这项工作，以往也是由有经验的染色工作者来完成，但是评价结果因工作者的主观性及年龄、性别、个体、心情状态、观测条件（即在哪种光源下评价）等因素的影响，出现不确定性，而仪器的检测结果是客观的、确定的，所以目前此工作已逐渐被仪器所取代。评价的依据，是色差计算的结果。

第四节　白　度　计　算

在日常生活中，白色是随处可见的颜色。在涂料、塑料、纺织品和纸张加工中，白色产品的生产是一项重要任务。

白度是颜色具有的高反射率和低饱和度（纯度）的属性。白色是一个颜色群体，它们在 CIE 1931-xy 色度图中，处于主波长大约在 $470\sim570nm$ 的狭长范围内，一般情况下其亮度 $Y>70$，兴奋纯度 $P_e<0.1$。虽然白色并不是一种单一的颜色（单色），但是大多数观察者还是能够根据白色样品的分光反射率、兴奋纯度和主波长不同，按白度的差别，排列出先后顺序。对于给定的同一组白色样品，它们的这种排列顺序不仅会因为观察者的不同而不同，即使是同一观察者，如果用不同方法评价，结果也不同。另一方面，对样品白度的评价，还与观察者的喜好有关。例如，有的喜好带红光的白，有的喜好带蓝光的白，有的观察者喜好带绿光的白，观察者个人的喜好是不同的。另外，白度的评价结果还与观察条件的变化密切相关，在不同亮度或在具有不同光谱功率分布的光源下观察同一样品，都会出现不同的结果。综上所述，对白度的评价结果的影响因素比对颜色的评价时更多，所以更困难。对于涂料产品的白度测定，尤为复杂。

要提高产品的白度，可以添加荧光增白剂，也可以添加少量蓝色（主要用于荧光增白剂出现以前的纺织行业）。硫酸钡是白色的，它接近完全漫射体，可认为是理想的白色。某些材料在使用了荧光增白剂以后，其白度远远超过了完全漫射体的白度，评价这一类样品的白度就显得很困难。

在实际生产中，常见的白度的评价方法有两种。一种是比色法，就是把待测样品与白度已知的标准样进行比较，类似于用 pH 试纸确定溶液 pH 值的方法来确定样品的白度。常见的标准白度样卡（白度卡）把白度从最大到最小分为十二个等级，一般都是用聚丙烯塑料或蜜胺塑料制成。十二个等级中白度值较小的四级没有加增白剂，白度值较大的八级添加了增白剂。用这种方法评价的结果因观察者个体等评价条件不确定而具有不确定性。另一种方法就是用白度测量仪器来测量，仪器中已经储存了许多白度计算公式，测量时仪器根据使用者的设定选用相应的白度公式自动进行计算，直接输出白度值。这种方法因评价条件客观，所以评价结果客观。

鉴于白度人工评价的复杂性，在各个国家、各行业中通过各种途径建立了很多白度计算公式，都倾向于用仪器来测量。不过这些公式也跟色差公式一样，同时在不同的地区、行业中使用，没有统一。这里把白度公式粗略地分为两大类来进行介绍。

一、以喜爱白或理想白为基础推导出的白度计算公式

这一类计算公式，本质上是计算样品白（样品色）与理想白之间的色差。

（一）亨特（Hunter）白度公式

此公式是将完全反射漫射体的白度定义为100，把样品的白度与完全反射漫射体的白度进行对比，以计算色差的方式来评价样品的白度。

$$W(L,a,b)=100-\sqrt{(100-L)^2+K_1\left[(a-a_P)^2+(b-b_P)^2\right]} \tag{4-30}$$

式中，L、a、b 是样品在 Lab 系统中的明度指数和色度指数，按亨特（Hunter）Lab 色空间中的计算方法计算；K_1 是常数，一般情况取值为1；a_P、b_P 是理想白在 Lab 系统中的白度指数，一般情况下：

测量不带荧光的样品时 $a_P=0.00$，$b_P=0.00$；

测量带有荧光的样品时 $a_P=3.50$，$b_P=-15.87$。

如果是非荧光的样品和荧光的样品进行对比时：$a_P=3.50$，$b_P=-15.87$。

（二）CIE 1982 白度评价公式

CIE 1982 白度评价公式是至今国际照明委员会唯一推荐的一个评价白度的公式。这一公式是由瑞士汽巴-嘉基公司的甘茨（EGanz）提出来的，它共有三个表达式。

1. 以蓝中带绿为喜爱白，表达式为：

$$W=Y+1700(x_0-x)+900(y_0-y) \tag{4-31}$$

或者在10°视场下为：

$$W=Y_{10}+1700(x_{010}-x_{10})+900(y_{010}-y_{10}) \tag{4-32}$$

2. 以蓝中带红为喜爱白，表达式为：

$$\begin{cases} W=Y-800(x_0-x)+3000(y_0-y) \\ W=Y_{10}-800(x_{010}-x_{10})+3000(y_{010}-y_{10}) \end{cases} \tag{4-33}$$

3. 以中性无彩色为喜爱白，CIE 1983 推荐的公式为：

$$\begin{cases} W=Y+800(x_0-x)+1700(y_0-y) \\ W_{10}=Y_{10}+800(x_{010}-x_{10})+1700(y_{010}-y_{10}) \\ T_W=1000(x_0-x)-650(y_0-y) \\ T_{W_{10}}=900(x_{010}-x_{10})-650(y_{010}-y_{10}) \end{cases} \tag{4-34}$$

式中，x_0、y_0 是理想白在 2°视场下的色度坐标，对于 C 照明体，$x_0=0.3101$，$y_0=0.3162$；x_{010}、y_{010} 是理想白在10°视场下的色度坐标，对于 D$_{65}$照明体 $x_{010}=0.3138$，$y_{010}=0.3310$；Y、x、y 是样品的明度指数和色度坐标；W、W_{10}是在 2°视场和10°视场下的白度，其值越大，表示样品的白度越大；T_W、$T_{W_{10}}$是在 2°视场和10°视场下的样品色调偏移值（淡色调值，即白色略带有的某种色调值）。$T_W>0$，表示样品带绿色，而且值越大，表示越偏绿色；$T_W<0$，表示样品偏红色，而且其绝对值越大，表示越偏红色。

对于完全漫反射体来说，$W=W_{10}=100$，$T_W=T_{W_{10}}=0$。

值得注意的是，CIE 1982 白度公式是有一定的适用范围的。

（1）对于明显偏向某种色调的样品，或样品间颜色有明显差异的（也就是说样品中有的偏向某种色调很严重），都不能用白度公式(4-34)来计算白度。式(4-34)的适用条件是：

$$T_W（或 T_{W_{10}}）\in（-3,3）\qquad(4-35)$$

（2）各待测样品中，所用荧光增白剂的种类和用量应该没有明显的差别。

（3）在进行白度测量时，应该用同一测色仪器，并且测量相隔的时间不能太长，而且所测得的白度应该满足 $40<W<(5Y-280)$ 或 $W_{10}<(5Y_{10}-280)$，才有意义。

（4）当两对样品分别用 CIE1982 白度评价公式计算出白度值 W 或 W_{10}，如果其中一对样品的 ΔW 和另一对样品的 $\Delta W'$（或 ΔW_{10} 和 $\Delta W'_{10}$）相等时，只能说明两对白色样品的白度计算数值的差异相同，在人眼的颜色知觉上不一定也具有相等的差别。同样，当两对样品 T_W 或 $T_{W_{10}}$ 的差相等时，人眼的颜色知觉上也不一定具有同等的偏向某种色调的程度。换句话说，就是计算出来的这些值的视觉相关性不好，原因是用于计算 T_W 或 $T_{W_{10}}$，W 或 W_{10} 的色空间是不均匀的。但这对样品之间的白度比较影响不大。

二、在实验样品反射率测定的基础上推导出的白度测定公式

（一）单波段白度公式

用某一个光谱区的反射比来表示的白度公式，主要有下面两个。

（1）用 W 表示白度、G 表示绿光的反射比，也就是用绿光的反射比来表示样品的白度，公式为：

$$W=G\qquad(4-36)$$

（2）用 R_{457} 表示相应于蓝光的反射比，即用蓝光的反射比来表示样品的白度。

$$W=R_{457}\qquad(4-37)$$

国际标准化组织（ISO）在造纸工业中采用主波长为457.0nm±0.5nm，半峰宽度为 44nm 的蓝光测定样品的反射比，使用短波长区域的反射比 R_{457} 来表示白度，此白度叫做 ISO 白度或蓝光白度。

（二）多波段白度公式

以特定波长范围的反射比及其系数来表示该样品的白色程度，这类白度公式有两种。

（1）韬比（Taube）公式。用蓝光反射比 B、绿光反射比 G 分别乘以一个系数后的差值来表示白度。

$$W=4B-3G\qquad(4-38)$$

（2）采用黄度指数来表示白度，公式为：

$$W = \frac{A - B}{G} \tag{4-39}$$

式(4-38) 和式(4-39) 中的 A、G、B 分别对应于红色、绿色、蓝色波段的反射比，是用相应的滤光片修正后的红色、绿色、蓝色探测器检测到的反射比值。它们可以用样品颜色的三刺激值计算出来：

$$X = f_{XA}A + f_{XB}B, Y = G, Z = f_{ZB}B \tag{4-40}$$

$$A = \frac{1}{f_{XA}}X - \frac{f_{XB}}{f_{XA}f_{ZB}}Z, G = Y, B = \frac{Z}{f_{ZB}} \tag{4-41}$$

式中，f_{XA}、f_{XB}、f_{ZB} 因选用的视场大小和照明光源的不同而不同，具体数值列于表 4-3 中。

表 4-3　不同照明光源在不同视场下对应的 f_{XA}、f_{XB}、f_{ZB} 数值

照明光源	CIE 1931(2°)			CIE 1964(10°)		
	f_{XA}	f_{XB}	f_{ZB}	f_{XA}	f_{XB}	f_{ZB}
A	1.0447	0.0539	0.3558	1.0571	0.0544	0.3520
D$_{55}$	0.8061	0.1504	0.9209	0.8078	0.1502	0.9098
D$_{65}$	0.7701	0.1804	1.0889	0.7683	0.1798	1.0733
D$_{75}$	0.7446	0.2047	1.2256	0.7405	0.2038	1.2072
C	0.7832	0.1975	1.1823	0.7772	0.1957	1.1614
E	0.8328	0.1672	1.0000	0.8305	0.1695	1.0000

这两类公式，各有优点和不足。第一类是把喜爱白作为完全漫反射体而推导出来的，难以正确评价添加荧光增白剂的样品。前面所介绍的两个公式，都是采用在公式中引进经验系数的方法，来计算添加荧光增白剂的样品白度的，所以计算结果也是近似的。至于第二类公式，如果样品偏蓝越严重，所得出的白度数值就越大，造成与实际情况不符，但是，很适合于计算添加荧光增白剂的样品的白度。

习　题

1. 在 ANLAB 色空间中，如已知标准样品、样品、理想白色的三刺激值，请详细列出计算亮度差、色度差、饱和度差、色相差、总色差的计算步骤及计算公式。

2. 在 CIE LAB 色空间中，分别用空间坐标图中的线段或角度或必要的表达式表示出亮度差、色度差、饱和度差、色相差、总色差，并分别说明亮度差、饱和度差、色相差分别为正、负值时，它们所表示的物理意义。

3. 以前常用的色差单位是什么？近年来色差单位又是怎样表示的？色差单位 NBS 与视知觉的对应关系如何（用列表的方式说明）？

4. 影响白度评价的因素有哪些？

5. 在使用 CIE 1982 白度公式时，应该注意哪些问题？

第五章
孟塞尔表色系统

　　颜色具有三种属性，要准确地传递某一种颜色信息，就必须准确地表示出颜色的色相、明度和饱和度三种属性。能否用空间的三维坐标来分别表示颜色的三种属性？这样的表示方法能否给人以直观的感觉？早在 CIE 1931-XYZ 系统问世以前，人们就做过这方面的尝试。1905 年美国画家孟塞尔（A. H. Munsell）总结了前人的研究成果，它采用圆柱坐标，用圆柱的高度表示颜色的明度，用半径的大小表示颜色饱和度大小，以环绕圆柱中心轴的 360°角表示色相（每一角度对应于一种颜色色相），这样就把自然界中的各种颜色表示在该系统中了，如图 5-1 所示（彩图 7）。该系统被人们称为孟塞尔表色系统。

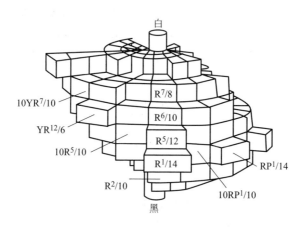

白

$10YR^{7}/10$

$YR^{12}/6$

$10R^{5}/10$

$R^{7}/8$

$R^{6}/10$

$R^{5}/12$

$R^{1}/14$

$RP^{1}/14$

$R^{2}/10$

$10RP^{1}/10$

黑

图 5-1　孟塞尔色立体

　　人们把孟塞尔表色系统中的各种颜色都制作成色卡，并按照这些颜色的三属性以一定的顺序系统地排列起来，并赋予每一种色卡特定的编号，就获得了孟塞尔颜色立体。该体系中的每一种色卡，都代表一种标准颜色，换句话说，该系统就是一部颜色标准。为了便于携带和收藏，人们常把具有相同色相的颜色色卡制作在一页纸上，然后把它们（代表各种色相）装订成册，就得到了孟塞尔图册。所以孟塞尔表色系统，常常是以图册形式出现的。

第一节　孟塞尔系统的构成

一、表色原理

把颜色的三属性量化后，每一种颜色就可以用一组数据（明度值、色相值、饱和度值）来表示。在圆柱坐标中，分别用圆柱高度、半径、环绕中心轴的角度表示明度值、饱和度值、色相值，这样，此空间中的每一个点都对应于一种颜色。在孟塞尔表色系统中，具有相同色相、明度、饱和度差的任意两颜色之间的距离相等，各色卡之间是按色相、明度、饱和度等间隔排列的。该空间中，用两颜色点之间的距离来表示色差，只要颜色点之间的距离相等，就表色这些颜色之间具有相同的色差，色差大小与两颜色点之间的距离成正比例。

在孟塞尔表色系统中，用英语字母 V 来表示颜色的明度属性；用字母 C 表示颜色的饱和度（彩度）属性；用字母 H 表示颜色的色相属性。在以孟塞尔表色系统所采用的圆柱坐标中，用 Z 轴表示颜色明度（V）大小变化；半径 r 表示颜色饱和度（C）大小变化，用环绕中心轴的角度 θ 表示颜色色相（H）大小变化，如图 5-2 所示。

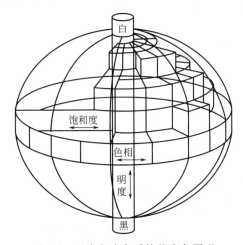

图 5-2　孟塞尔表色系统的表色原理

二、颜色三属性的表示法

（一）明度的表示法

孟塞尔表色系统中，把理想白色的明度值定义为 $V=10$，位于纵轴的顶端；把绝对黑的明度值定义为 $V=0$，位于纵轴的底端。自然界中的所有颜色的明度值都处在绝对黑与理想白之间，从 $V=0\sim10$ 之间，共分成间隔相等的 11 个等级，分别对应于不同颜色的明度值。实际上自然界中 $V=0$ 的绝对黑色和 $V=10$ 的理想白色都不存在，所以，孟塞尔图册中只有 9 个明度级别（$V=1\sim9$），每个级别的明度间隔为 1。

（二）饱和度的表示法

在孟塞尔表色系统中，中轴上所有点所对应的颜色都是消色（饱和度 $C=0$），只是这些消色的明度不同；中轴以外的各点所对应的颜色的饱和度都大于 0，饱和度的具体大小是用颜色点到中轴的垂直距离来表示的，换句话说，就是以圆柱坐标中圆柱的半径来表示颜色饱和度的。颜色点离中轴的垂直距离越大，表示该颜色的饱和度越大，颜色越鲜艳。自然界中不同色相的颜色，其饱和度从最小（同明度的消色 $C=0$）到最大（同明度的光谱色）变化过程中，人眼能分辨出的级别是不同的，有的色相的颜色饱和度可分出 20 级，有的只能分出 4 级，所以，孟塞尔立体模型并不是规则的圆柱体，而是一个有的地方半径大、有的地方半径小的非规则立体，如图 5-3 所示。在孟塞尔系统中，饱和度的间隔为 2。

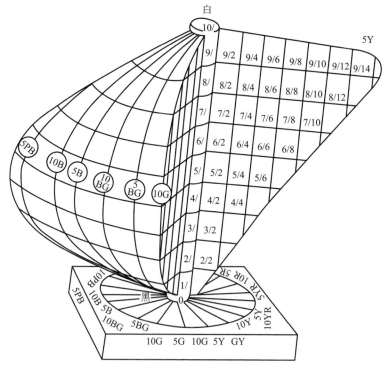

图 5-3　孟塞尔颜色立体模型

（三）色相的表示法

在孟塞尔表色系统中，把围绕中轴的圆周均分成 5 个部分，就得到一个垂直于中轴被 5 条半径均分的平面，每一条半径所代表的方向表示 1 种色相，于是，整个圆周中就表示了 5 种色相，这五种色相分别是红（R）、黄（Y）、绿（G）、蓝（B）、紫（P），称为主要色相（主色调）。再分别把这 5 个区域均分成 2 个部分，新出现分界线（半径）方向分别表示相邻两种色相的中间色相，它们分别是黄红（RY）、绿黄（YG）、蓝绿（GB）、紫蓝（BP）、红紫（RP），成为中间色相（间色调）。于是，在这圆周上就表示出了 10 种色相。实际上，自然界中的颜色远远不止这 10 种色相，所以还需要对此圆周进行细分：把圆周中的 10 等分区域再分别分成 10 等分，那么，该圆周就表示出了 100 种色相。为了便于表达，把这 100 种色相分别给予编号：把每种主要色相和中间色相的编号都定为 5，如红色表示为 5R，黄色表示为 5Y，黄红表示为 5YR，红紫表示为 5RP，绿黄表示为 5YG 等，前一色相中的 10 刚好与后一色相的 0 相重合，例如，10Y 于 0YG 重合。在孟塞尔颜色立体中，五种主要色相红（R）、黄（Y）、绿（G）、蓝（B）、紫（P）是按顺时针方向排列的，所以按此顺序，10Y 之后是 1YG，2YG，3YG，……，依此类推。

　　实际上上述的圆周，就是孟塞尔颜色立体在水平平面上的投影，在该投影面上，由 100 种色相组成一个环，习惯上成为色相环，如图 5-4 所示。在调色工作中，色相环显得非常重要。

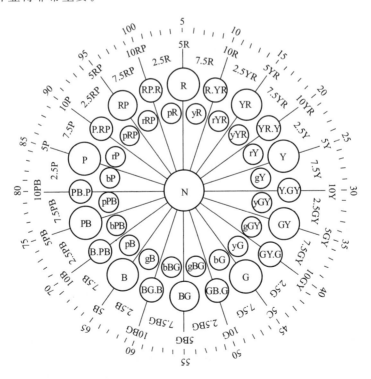

图 5-4　孟塞尔颜色立体的垂直投影（色相环）

三、孟塞尔图册

(一) 等色相面

孟塞尔表色系统是由许多标准色卡组成的，而且通常把这些色卡按一定规律排列后，装订成册，以图册的形式出现，人们称为孟塞尔图册。在图册中，每一页上的颜色所对应的空间中的颜色点都位于一个平面上，这个平面就是通过中轴的平面与孟塞尔颜色立体相切所得到的切面，所以每一页图册上的颜色具有同一种色相，人们常常把该切面称为等色相面。同一页上的颜色，只有明度和饱和度的差别，如图 5-5 所示。图中，黑、白线段表示中轴，是不同明度（$V=1\sim9$）消色的集合体；左侧表示一页（一个切面，表示一个等色相面），该页上的颜色色相都是蓝紫色（即 $H=5PB$）；右侧表示另一页，此页上所有颜色的色相都是黄色（即 $H=5Y$）。

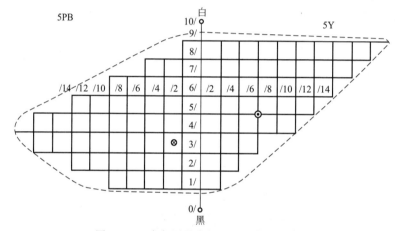

图 5-5　孟塞尔图册中的两页（等色相面）

(二) 等明度面

如果用一垂直于中轴的平面与孟塞尔颜色立体相切，所得到的切面也是由许多颜色组成，这些颜色的明度都相等（明度值大小取决于平面与颜色立体相切时所处的高度）。该切面称为孟塞尔等明度面，如图 5-6 所示。

四、孟塞尔表色系统的均匀性

在均匀色空间中，用两色度点之间的距离来表示两颜色的色差大小。作为一个理想的均匀色空间，不论在任何方向上，在任何空间区域内，只要两颜色所对应的色度点之间的距离相等，它们在人眼看来就应具有相同的色差感觉。要真正满足这一条件的色空间是难以建立的。孟塞尔表色系统所建立的色空间也不能完全满足这一条件，但是，该系统是由许多鉴色专家以视觉为基础建立的，所以，可以认为孟塞尔颜色立体所示的色空间非常接近均匀色空间，人们常把它用于判断别的颜色空

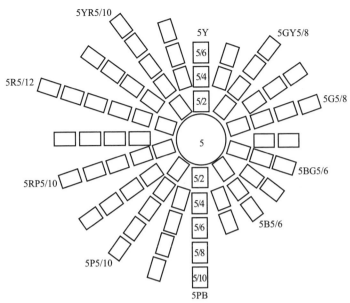

图 5-6　孟塞尔等明度面（$V=5$）

间的均匀性。

五、孟塞尔表色系统中颜色的表示

虽然已经按照一定的规律排列了孟塞尔表色系统中的各种标准色卡，但是，要简便、准确地表达出每一种颜色，还需对每一种颜色（每张色卡）进行编号（给予标号）。孟塞尔图册中的所有色卡，可以分为以下几类：彩色、消色、饱和度不大的彩色。它们的编号原则如下。

（一）彩色

把彩色的色相、明度、饱和度三种属性按下列方式排列：色相·明度/彩度，就得到一组数据，这组数据就能把一种颜色完整地表示出来。如果用符号表示，就是 $H·V/C$。例如，5Y·5/4，表示一种中等明度、饱和度不高（不鲜艳）的黄色；5R·6/12 中，5R 为红色，中等明度，饱和度很高，所以它表示一种中等明度的非常鲜艳的红色；而 8R·5/10 中，因为 5R 表示纯正的红色相，8R 处在 5R（红）和 5RY（黄红）之间，它所表示的是一种带黄色的红色，明度中等，饱和度很高，所以它表示的是一种带黄色的中等深度的鲜艳红色。

（二）消色

如果大致的划分，消色可以分为白色、明灰色、灰色、暗灰色和黑色物种。因为它们之间没有色相和饱和度的差别，只有明度的差异，所以表示起来很简单。一般采用"中性色·明度值/"的方式来表示，用符号表示就是：$N·V/$。例如：明度值为 7 的中性色是明灰色，可以表示为：$N·7/$；明度值为 3 的中性色是暗灰色，可以表示为：$N \cdot 3/$。

（三）饱和度不大的彩色

对于饱和度低于 0.5 的彩色可以用中性色（消色）的表示方法表示，即表示为 $N \cdot V/(H \cdot C)$。例如：$N \cdot 2/(5R \cdot 0.2)$ 表示一种略带红色的暗灰色；$N \cdot 7/(5Y \cdot 0.3)$ 表示一种略带黄色的明灰色。

当然，也可以把这类颜色按彩色来表示，上述两种颜色按 $H \cdot V/C$ 的形式分别表示为 $5R \cdot 2/0.2$、$5Y \cdot 7/0.3$。

六、确定颜色的孟塞尔标号需注意的问题

在实际工作中，如果要确定某一颜色的孟塞尔标号，最简单的方法就是人工目测法。为了获得某种颜色准确的孟塞尔标号，必须注意以下问题。

（1）观测者的视力应该正常。

（2）被观测的样品颜色被放置的位置应该适当：背景应该是中等明度的中性色。

（3）照明光源：如果采用自然光照明，应该采用北窗光；如果采用人造光源，则应选用模拟 D_{65} 照明体或国际照明委员会推荐的标准 C 光源。

（4）观测方式：可以采用 0/45 方式或 45/0 方式。

（5）避免环境反射光影响观测结果。当墙壁的反射光、室外环境较强的反射光透过窗户影响观测时，应排除影响因素。而且还应用灰色纸框遮住颜色样品和色卡，尽量减少对颜色评价的干扰。

（6）样品颜色的随机性决定了在孟塞尔图册中不一定能找到与样品颜色完全对应的色卡，这时，对于样品颜色的色相、明度、饱和度三属性，一般用线性内插法来确定，从而获得样品颜色的孟塞尔标号。

第二节　孟塞尔新标系统

前面学习了 CIE 1931-XYZ 颜色系统和孟塞尔表色系统，前者是一个不均匀的色空间，但却实现了用数据表示颜色；后者虽然非常接近均匀色空间，但却是用色卡的形式来表示颜色的。为了找出它们之间的联系（亮度因数 Y、色度坐标 x、y 与孟塞尔明度 V、色相 H、饱和度 C 之间的对应关系），美国光学学会（OSA）成立了由牛哈尔（Newhall）、尼克森（Nickerson）、贾德（Judd）等组成的孟塞尔系统测色委员会，从 1937 年开始，历时六年完成了对原孟塞尔表色系统中的每一色块的测量，并获得了它们在 CIE 1931-XYZ 颜色系统中的精确表色值，然后再把它们对应的色度点准确地描绘在 CIE 1931-xy 色度图上。通过对比，人们发现孟塞尔表色系统中有一些略微不规则的点。于是，该委员会就在既保证原来孟塞尔表色系

统在视觉上的等色差性，又保证其在物理学上的合理性原则下，修正了原孟塞尔表色系统，并于 1943 年公布了修正后的孟塞尔系统。这就是人们所说的孟塞尔新标系统。目前在世界各国使用的都是孟塞尔新标系统。

一、孟塞尔明度

美国光学学会的测色委员会组织鉴色专家以中等明度（$V=5$，$Y\approx20\%$）的消色为背景，对众多的颜色进行观测，从而获得它们的孟塞尔明度 V 和相应的亮度因数 Y。通过回归处理就获得了亮度因数 Y 与孟塞尔明度 V 之间的关系式：

$$Y=1.2219V-0.23111V^2+0.23951V^3-$$
$$0.021009V^4+0.0008404V^5 \tag{5-1}$$

从式（5-1）中可以知道，当 $Y=100\%$ 时，$V=9.91$；当 $V=10$ 时，$Y=102.57\%$。说明孟塞尔表色系统和 CIE 1931-XYZ 颜色系统并不完全匹配。这主要是因为在 CIE 1931-XYZ 颜色系统中把氧化镁标准白板的视感反射率 Y 定义为 100%，而孟塞尔表色系统则是把理想白的明度定义为 $V=10$，氧化镁标准白板和理想白是有差别的。鉴于此，国际照明委员会就把理想白作为 CIE 1931-XYZ 颜色系统中的颜色测量基准，即把理想白的视感反射率定义为 100%。通过颜色测量基准的调整，氧化镁标准白板的视感反射率变为 $Y\approx97.5\%$。于是，CIE 1931-XYZ 颜色系统和孟塞尔表色系统的颜色明度基准统一了，从而重新回归了 V 与 Y 之间的关系。

$$Y=1.1913V-0.22532V^2+0.23351V^3-$$
$$0.020483V^4+0.0008194V^5 \tag{5-2}$$

该关系式表明，当 $Y=100\%$ 时，$V=10$。通过该关系式，就可以把视觉上不均匀的视感反射率 Y 值转换成视觉上均匀的孟塞尔明度 V 值，从而获得了直观的感觉。

二、孟塞尔色相和饱和度

前面述及，孟塞尔表色系统中的色卡都是由诸多鉴色专家以视觉为基础确定下来的，而且各色块都是按明度、饱和度等间隔排列的，是一个近似均匀的颜色空间。如果把新表孟塞尔系统中每一色块的表色值转换成 CIE 1931 XYZ 系统中的色度坐标，再在 CIE 1931-xy 色度图上绘出相应的色度点，连接成线，如图 5-7 和图 5-8所示，就会发现：等色相线不全是直线（图 5-7）。一方面，等色相线除了在主波长 $\lambda=571\sim575$nm，$\lambda=503\sim507$nm，$\lambda=474\sim478$nm 和补色主波长 $\lambda_c=559$nm 等区域以外，都不是直线，这说明具有相同色相的颜色，其主波长并不相等；当明度水平不同时，等色相线不重合，这说明同一种颜色只要明度不同，在 CIE 1931-XYZ 系统中的 CIE 1931-xy 色度图上就有不同的色度点。然而，在孟塞尔表色系统中，具有相同色相的颜色都位于圆柱坐标的同一半径方向上（等色相线是直线），而且，在不同明度水平下，它们也是位于该半径方向上（等色相线重合）。CIE 1931-XYZ 系统和孟塞尔表色系统的这些区别，说明 CIE 1931-XYZ 系统是一个不均匀的色空间。

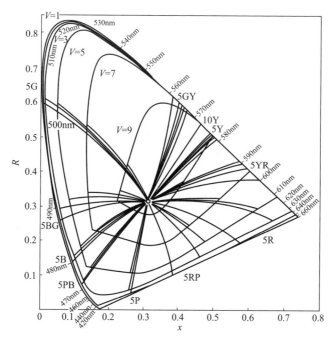

图 5-7　CIE 1931-xy 色度图上不同明度水平的等色相线

等饱和度线不规则（图 5-8）：等饱和度线是围绕着白光点形成一圈圈不规则的图形，而且每一条等饱和度线形状并不相似，每一条等饱和度线之间的间隔不恒定，也不相等。在孟塞尔表色系统中的等饱和度线是一系列围绕消色点的同心圆（从等明度截面可以看到），而且每一条等饱和度线之间的间隔相等。两系统之间的这一区别，说明在 CIE 1931-XYZ 系统中颜色的饱和度变化是不均匀的，也就是说 CIE 1931-XYZ 系统是一个不均匀的色空间。

另一方面，在不同的明度水平下的等饱和度线是不重合的，而且等饱和度线的数量也是不相同的，当明度 $V=5\sim6$ 时，等饱和度线的数量最多，如图 5-9 所示。这说明只有当颜色的明度值 $V=5\sim6$（中等明度）时，人眼能分别出的饱和度级别最多。

三、CIE 1931-XYZ 系统与孟塞尔颜色系统之间的转换关系

对于某一种颜色，如果只知道它在 CIE 1931-XYZ 系统中的表色值：亮度因数 Y 和色度坐标 x、y，人们是无法在头脑中产生直观的颜色印象的（这一组数据到底表示一种什么颜色？）。要在大脑中建立该颜色的直观印象，必须知道该颜色的色相是什么、明度是多少、饱和度是多少，也就是要知道该颜色的孟塞尔标号是多少

才能产生直观印象。那么，怎样才能把一种颜色在 CIE 1931-XYZ 系统中的表色值（通过测色就可获得）转换成孟塞尔标号呢？

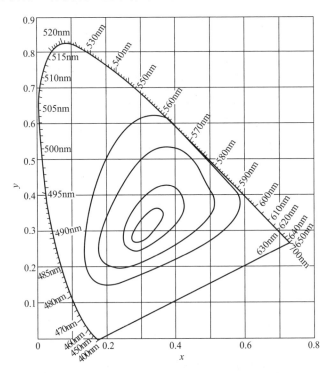

图 5-8　CIE 1931-xy 色度图上的等饱和度线

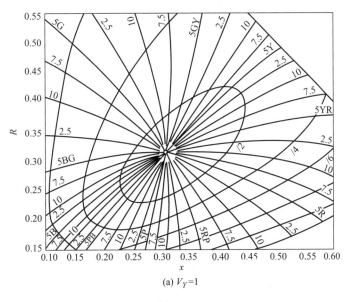

(a) $V_Y=1$

图 5-9

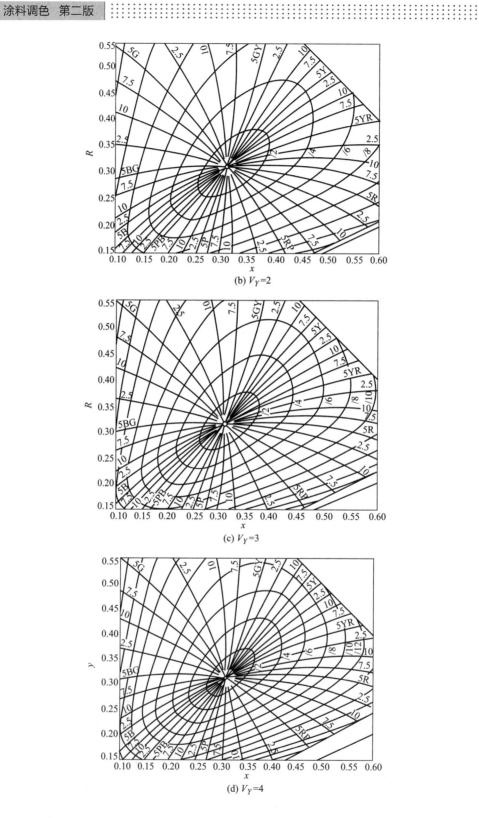

(b) $V_Y=2$

(c) $V_Y=3$

(d) $V_Y=4$

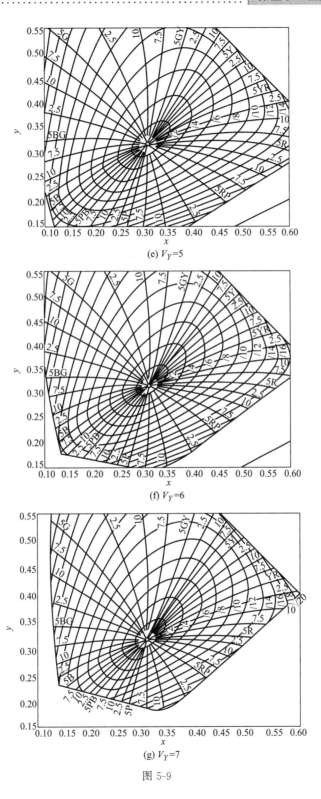

(e) $V_Y=5$

(f) $V_Y=6$

(g) $V_Y=7$

图 5-9

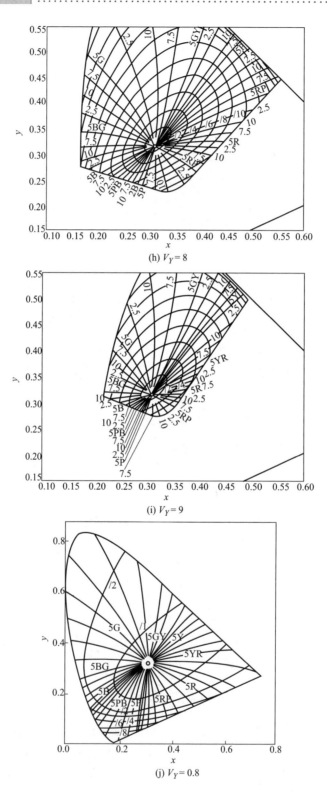

(h) $V_Y = 8$

(i) $V_Y = 9$

(j) $V_Y = 0.8$

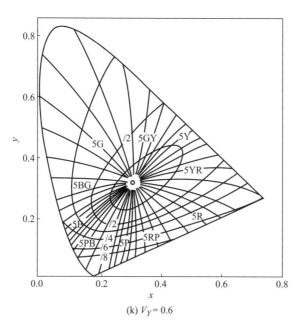

(k) $V_Y = 0.6$

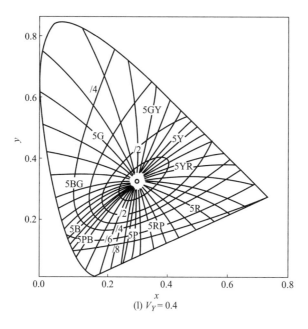

(l) $V_Y = 0.4$

图 5-9

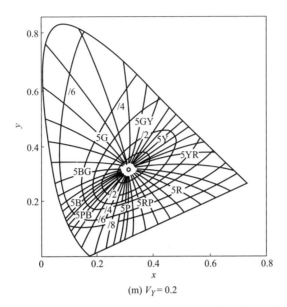

(m) $V_Y = 0.2$

图 5-9　CIE 1931-xy 色度图中不同明度值对应的孟塞尔
新标系统的等色相线和等饱和度线

其实，只要以 CIE 1931-xy 色度图中的孟塞尔新标系统的等色相线和等饱和度
线图（如图 5-9 所示）为基础，就可以转换。具体转换的过程如下。

（1）利用孟塞尔明度值 V_Y 与亮度因数 Y 的关系［式(5-2)］，可以通过 Y 求出
V_Y 值；或者利用孟塞尔明度值 V_Y 与亮度因数 Y 的关系表（见附录六），由 Y 查
出 V_Y。

（2）利用 V_Y 值在图 5-9 中选定所使用的等饱和度线和等色相线图。

（3）利用色度坐标 x、y，在所选定的图中找到相应的色度点，从而可以确定
颜色的色相和饱和度值。

【例】　已知某种颜色在标准 C 照明体照明、2°视野观察条件下的 $Y = 46.02$，
$x = 0.500$，$y = 0.454$，求该样品的孟塞尔标号。

（1）把 $Y = 46.02$ 代入式(5-2)，求得 $V_Y = 7.20$。这时发现在图 5-9 中并没有
$V_Y = 7.20$ 的图，所以只能选用与 $V_Y = 7.20$ 相邻的 $V_Y = 7$ 的图 5-9(g) 和 $V_Y = 8$
的图 5-9(h)，采用线性内插法来确定该颜色的色相、饱和度。

（2）根据颜色的色度坐标 $x = 0.500$，$y = 0.454$，分别在图 5-9(g) 和图 5-9
(h) 中找到相应的色度点，根据色度点所在的位置，可以利用线性内插法计算出：
当 $V_Y = 7$ 时，色度点所对应的色相 $H = 10.0YR$，饱和度 $C = 13.1$；当 $V_Y = 8$ 时，
色度点所对应的色相与 10.0YR 之间的色差等级小于 0.25，所以取 $H = 10.0YR$，
饱和度大于 14 而小于 16，经计算 $C = 14.6$。

（3）综合 (1)、(2) 的结果：因 $V_Y = 7$ 和 $V_Y = 8$ 时，色度点对应的色相都是
10.0YR，所以该颜色的色相应该是 $H = 10.0YR$；$V_Y = 7$ 时，$C = 13.1$；$V_Y = 8$

时，C＝14.6；前面已求得该颜色的 V_Y＝7.2。于是就可利用线性内插法计算出该颜色的饱和度 C：

$$\frac{8-7}{14.6-13.1}=\frac{8-7.2}{14.6-C}$$

或

$$\frac{8-7}{14.6-13.1}=\frac{7.2-7}{C-13.1}$$

从而计算出 C＝13.4。

（4）通过以上计算，就得到了该颜色的孟塞尔标号：10YR · 7.2/13.4。

四、孟塞尔表色系统在涂料调色中的应用

（一）孟塞尔色相环对调色工作具有极大的指导作用

在涂料调色工作中，调色工作者面对的是目标色、各种原料（颜色的载体基料或在乳胶漆调色中称为基础漆、各种颜料浆、色精或在乳胶漆调色中称为色浆），选用颜料浆的基础就是孟塞尔色相环。人们常把孟塞尔色相环作简化处理，即色相环中只有红色、黄色、绿色、蓝色、紫色五种主色调（有时也包含一种中间色调橙色）。这几种颜色的排列方式有两种：一种是按顺时针方向排列；另一种是按逆时针方向排列。这两种排列方式都不影响使用效果，但值得注意的是，这几种颜色的顺序不能颠倒。这里用顺时针方向排列方式加以说明。

如图 5-10 所示，根据两种相邻主色调相混合能得到这两种主色调之间的多种间色的原则（混合比例不同，所得到的间色也不同），首先确定目标色（假设是偏黄的橙色）的色相在色相环中的位置，然后确定用哪两种主色调（黄色和红色）的颜料将来调色。如果目标色在色相环中的位置离某种主色调（黄色）的位置较近，黄色就是目标色的主色，调色时就应先加与黄色对应的颜料浆，然后调深浅，当深浅与目标色接近时，再加红色颜料浆调色相，调整所加比例，使所调颜色与目标色接近。

图 5-10　简化后的孟塞尔色相环

值得注意的是，根据色相环中主色调的排列顺序，如果用间隔一种主色调的两

种主色调相混（如用中间间隔了黄色这种主色调的绿色和红色两种主色调相混），不能得到中间的那种主色调，只能得到灰色。这是因为红色和绿色互为补色。在图 5-10 中，通过三角形可以清楚地看到红色和绿色、橙色（这是一种间色）和蓝色、黄色和紫色是三对互为补色的色调，它们分别相混都只能得到消色。

在调色工作中，正是利用两互为补色的颜色相混的规律来进行修色，十分有效，可大大缩短调出目标色所需的时间。例如，在调配上述目标色时，如果发现试配色偏红色较多，而且如果用黄色来使试配色接近目标色，将会使试配色加深，这时就应加绿色来消去部分红色。

（二）新标孟塞尔系统可用于判断其他色空间的均匀性

因为孟塞尔表色系统中的色卡颜色是由诸多鉴色专家确定的，在视觉上具有等明度间隔、等饱和度间隔的特点，该系统是一个近似均匀的色空间，所以可以用于评价其他色空间的均匀性。

前已述及，把孟塞尔颜色立体模型用垂直于中轴的平面切开，就可得到其等明度面；如果用平行且通过中轴的平面切开，就可得到其等色相面。在等明度面上，具有不同饱和度级别的颜色分别围绕圆心（中轴的截点）形成一圈圈的近似同心圆；在等色相面上，都是具有相同色相的颜色，如果把不同的等色相面都投影到等明度面上，就会得到以中轴的截点为圆心的圆的若干条半径。根据这些特点，就可以评价其他色空间的均匀性。具体评价步骤如下。

（1）在孟塞尔新标系统中，采用中等明度（$V = 5 \sim 6$）的等明度面，在该明度面上的所有颜色都有 CIE 1931-XYZ 系统中的表色值，利用这些表色值计算出所要评价的色空间（例如 CIE 1976 $L^*a^*b^*$ 颜色空间、CIE 1976 $L^*u^*v^*$ 颜色空间）的色度坐标（a^*、b^*；u^*、v^*）。

（2）根据色度坐标分别在 CIE 1976 $L^*a^*b^*$ 颜色空间和 CIE 1976 $L^*u^*v^*$ 颜色空间的色度图上描出上述等明度面上的所有颜色的色度点。

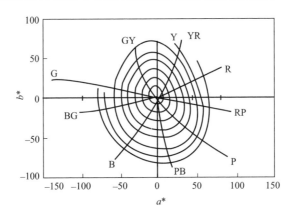

图 5-11　CIE 1976 $L^*a^*b^*$ 色度图中的孟塞尔等色相线和等饱和度线（$V_Y = 5$）

（3）分别把具有等饱和度、等色相的色度点用平滑的曲线连起来，如图 5-11
和图 5-12 所示。

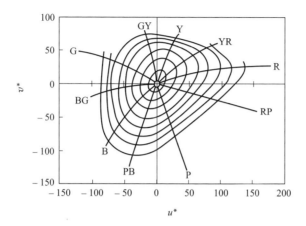

图 5-12 CIE 1976 $L^* u^* v^*$ 色度图中的孟塞尔等色相线和等饱和度线（$V_Y = 5$）

（4）评价颜色空间的均匀性。在所要评价的颜色空间的色度图上，如果等饱和
度线越接近同心圆，该颜色空间就越均匀；如果等色相线越接近接近同心圆的半
径，该颜色空间就越均匀。

在理想的均匀色空间中，等饱和度线应该是同心圆，等色相线应该是同心圆的
半径。

习　题

1. 孟塞尔系统是怎样表示颜色三属性的？

2. 孟塞尔系统中是怎样用符号表示彩色和消色的？分别举例说明。

3. 用视觉方法确定某颜色的孟塞尔系统标号，在实际观测时应注意哪些问题？

4. 把视感反射率（亮度因数）转换成孟塞尔明度有什么意义？

5. 为什么说 CIE 1931-XYZ 系统是不均匀的？

6. 把 CIE 1931-XYZ 系统转换成孟塞尔系统的步骤有哪些？

7. 怎样用孟塞尔系统检验色空间的均匀性？

8. 谈谈孟塞尔色相环在涂料调色工作中的意义。

第六章
颜色的测定及常用测色仪器

　　颜色的测量，就是用测色仪器测量颜色的各种表色值（三刺激值、色度坐标）和颜色之间的色差等。人的眼睛是一种测色仪器，它能敏锐地识别颜色之间的微小色差，所以，在各行各业，人们都习惯于用目测法来进行调色以及产品颜色质量的控制、检验。目测方法简单，快捷，但是，缺点也是不能忽视的。影响目测法准确性的因素太多，如人的性别、年龄、心情状态以及测色者个体的不同等都是严重的影响因素，而且，目测法还受外界条件如照明光源、天气状态、观察时在一天中所处的时段等因素的影响。所以，目测法不能对颜色作定量的测量。为了对颜色测量的信息便于传递、交流，还得在规定的条件下，用测色仪器对颜色进行客观的测量。不过，因颜色测量结果是一种心理物理量，所以用仪器测色时，照明条件必须与人眼观察样品颜色时相同，而且仪器所采用的检测器应该尽量模拟正常人眼对光谱响应的特性，只有这样才能使仪器"看"（检测）到的颜色尽量再现眼睛所观察到颜色后大脑所产生的反映。

第一节　颜色的测量方法

一、颜色测定方法

　　通过前面章节的介绍可知，颜色的表色值可以计算出来。对于非荧光样品，其三刺激值可用式（3-13）求出；对于荧光样品，将在本章的第二节中介绍。但是，在具体计算时会发现，别的参数都是已知的或者可以从资料中查到，只有分光反射率 $\rho(\lambda)$（非荧光样品）或分光反射因数 $\beta_{\text{Text}}(\lambda, \mu)$（荧光样品）没有，需要测量。换句话说，只要能测出分光反射率或分光反射因数，就可以获得颜色的表色值。

在测量透明物体的分光反射率时，通常用空气作为参照标准，因为在整个可见光范围内空气的透射率都是 1，所以，根据分光反射率的定义，只需测出透过样品的光强度和入射光强度，两者之比就是分光透射率。然后，用分光透射率替代分光反射率 $\rho(\lambda)$，用式（3-13）可以求出透明样品颜色的表色值。

不透明物体表面的分光反射率 $\rho(\lambda)$ 是以完全反射漫射体作为参照标准的，即通过在相同的照明条件和观察条件下与完全反射漫射体相比较而确定的。完全反射漫射体的定义是：反射率在各个波长下均等于 1 的理想的均匀反射体，它把入射光无损失地进行反射，而且在各个方向上的亮度均相等。

国际照明委员会把物体的分光反射因数 $\beta(\lambda)$ 定义为：在给定的立体角、限定的方向上，待测物体反射的辐射通量 $\phi_\lambda \mathrm{d}\lambda$ 与相同照明、相同方向上完全反射漫射体的辐射通量 $\phi_{0\lambda}\mathrm{d}\lambda$ 的比值，即：

$$\beta(\lambda)=\frac{\phi_\lambda \mathrm{d}\lambda}{\phi_{0\lambda}\mathrm{d}\lambda} \tag{6-1}$$

分光反射率是分光反射因数中的一种，是指在某种特定的测色条件下测得的分光反射因数 $\beta(\lambda)$，用 $\rho(\lambda)$ 表示。

完全反射漫射体是一种理想反射体，在实际生活中是无法找到。在实际的仪器设计、制造中，都是采用作为颜色测量基准的标准白板来替代，常用的标准白板是新鲜的氧化镁烟雾面。因为氧化镁烟雾面具有良好的散射特性以及在各波长下反射率都很高，所以很多国家的标准中都采用它作为标准白板。但是，氧化镁的化学稳定性差，只要存放时间稍长，它的反射率会下降很多，给测色仪器的使用造成很大的麻烦。除氧化镁之外，常用的标准白板还有硫酸钡、碳酸镁、氧化铝、乳白色玻璃等。随着研究的不断深入，人们发现硫酸钡粉末的重现性和稳定性都比较好，目前德国用它做成的标准白板，不同批次的产品反射率大约相差 ±0.3%，同一批次的产品相差 ±0.2% 以下，如果使用同一瓶粉末制成的标准白板，反射率相差 0.02% 以下。

从化学稳定性来看，用硫酸钡作标准白板比用氧化镁要好。因为硫酸钡的稳定程度大约是氧化镁的 150 倍。在仪器的设计、制造过程中，也有用别的材料作为标准白板的。值得注意的是，用作标准白板的材料，应满足以下条件：具有良好的化学稳定性和机械稳定性，在整个使用期间，其分光反射因数应该保持不变；对入射光谱具有良好的反射特性；在各波长下的分光反射率应该大于 90%，并且在 360～780nm 的波长范围内，分光反射率曲线非常平坦。

因为标准白板的保存、清洁不是很方便，所以在测色工作中常用便于清洁的工作白板来代替。制作工作白板的材料有白色瓷砖、搪瓷等。工作白板的反射能力不及标准白板，但使用方便，而且还经久耐用，常为许多测色仪器所配备。

物体分光反射率的实际测量比较简单，这里介绍适用于双光束分光光度计的测量法。只要测出被测物体对工作白板的分光反射率 $\rho'(\lambda)$，就可以计算出被测物的分光反射率：

$$\rho(\lambda) = \rho'(\lambda)\rho_{白}(\lambda)\rho_0(\lambda) \tag{6-2}$$

式中，$\rho'(\lambda)$ 是被测物体以工作白板为参照物的分光反射率，仪器可直接测得；$\rho_{白}(\lambda)$ 是工作白板以标准白板为参照物的分光反射率，在仪器出厂时，由仪器生产商测得并输入仪器（或软件）内储存起来，只是在仪器进行测色操作前，必须用工作白板进行校正；$\rho_0(\lambda)$ 是标准白板的分光反射率，可以用特殊方法，由仪器生产商测出并输入仪器或软件内。

二、仪器测色的几何条件

对于日常生活中所遇到的被测物体，绝大多数都不是完全反射漫射体。仪器光源发出的照射在物体上的光，可能被吸收一部分，透射过去一部分，被反射一部分。被吸收的部分光转变成了热能等其他形式的能量；透过被测物的部分光，向远离观测者的方向离去（眼睛看不到）；以上两部分光对观测者都不起作用，只有被物体表面反射，进入观测者眼睛的那部分光，才能在观测者眼中形成颜色刺激，产生颜色的感觉。这里只讨论不透明体的反射情况。

照明和观测条件不同，不透明体表面反射到观测者眼中的光的光谱组成及光通量就不同，也就是说不透明物体的分光反射率因数 $\beta(\lambda)$ 是不相等的。因此，CIE 为了规范测色条件，于 1971 年正式推荐了四种用于反射样品测量的标准照明及观测条件，如图 6-1 所示。

1. 垂直/45° （符号是 0/45）

如图 6-1（a）所示，以垂直于样品表面的方向照明，照明光束的光轴与样品表面的法线间的夹角不超过 10°，在与样品表面法线成 45°±2°角的方向上观测，照明光束和观测光束的任一光线与其光轴之间的夹角不超过 5°。

2. 45°/垂直 （符号是 45/0）

如图 6-1（b）所示，为了避免出现光线不足及定向的问题，样品可以被一束或多束光照射，照明光束的轴线与样品表面法线间的夹角为 45°±2°，观测方向和样品法线之间的夹角不应超过 10°，照明光束和观测光束的任一光线和照明光束光轴之间的夹角不超过 5°。

3. 垂直/漫射 （符号是 0/d）

如图 6-1（c）所示，照明光束的光轴和样品法线之间的夹角不超过 10°，从样品反射的光用积分球来收集。照明光束的任一光线和其光轴之间的夹角不超过 5°，积分球的大小在一定范围内不受限制，一般直径为 200mm 比较适宜。积分球开孔面积不应大于积分球总内表面积的 10%。

4. 漫射/垂直 （符号是 d/0）

如图 6-1（d）所示，样品照明是用积分球漫射光实现的，样品的法线和观测光束光轴之间的夹角不应超过 10°，积分球大小不受限制，只要与仪器大小协调即

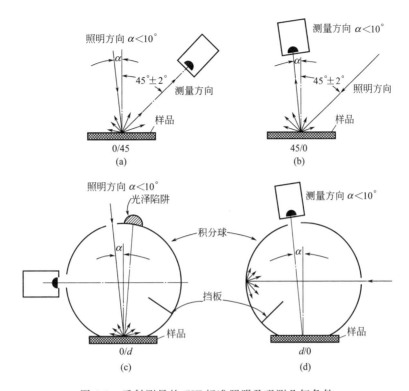

图 6-1　反射测量的 CIE 标准照明及观测几何条件

可，但开孔面积不得超过积分球总内表面积的 10%，观测光束的任一光线和其光轴之间的夹角不应超过 $5°$。

在垂直/漫射（$0/d$）几何条件下测得的分光反射率因数可以称作分光反射率。分光反射率因数是在上述四种观测和照明条件下测得的反射率因数的总称。

第二节　荧光样品的分光测色原理

随着国民经济的发展，荧光物质的应用日益广泛，在涂料、塑料、印染等行业随时都会遇到荧光样品的测色问题。例如，在纺织行业中印花用的荧光涂料，颜色十分鲜艳，非常受消费者欢迎。由于荧光增白剂能明显地提高产品的白度，因而荧光增白处理，就成了提高产品白度不可缺少的处理过程。

前面介绍了样品色与目标色之间的色差计算和样品的白度计算方法，但是，只是针对一类样品，这类样品的特点是在光源的照射下，它只会反射入射光。那么，在对这类样品进行色度测量和计算时，就显得十分方便。只需要把反射光与入射光之间的光谱反射率曲线测出来，就可以求出样品色的三刺激值和色度坐标，进而，还可以按式（6-3）求出样品色与目标色之间的色差大小。

$$\begin{bmatrix} X \\ Y \\ Z \end{bmatrix} = k \int_{380}^{780} S(\lambda)\rho(\lambda) \begin{bmatrix} \overline{x}(\lambda) \\ \overline{y}(\lambda) \\ \overline{z}(\lambda) \end{bmatrix} \mathrm{d}\lambda \tag{6-3}$$

但是，在日常生活中所遇到的样品并非全都是非荧光样品，实际上，荧光样品也很多。根据斯托克斯（Stokes）定律，当荧光物质吸收了入射光的能量之后，荧光物质内部分子被激励，它们会发生能级跃迁，当这些分子返回正常状态时，就会放出能量，发出比吸收的入射光波长更长的荧光。换句话说就是，荧光物质区别于非荧光物质的特点是，对于同一入射光，一般是吸收波长较短的部分光，而新激发出波长更长的荧光，同时会反射未被吸收的部分入射光；而非荧光物质，只能反射入射光。例如，荧光增白剂，它吸收波长较短的紫外光，而新激发出蓝紫色的可见光。在进行这类样品的测色时，检测器既能检测到它激发出的荧光，又会检测到它反射的部分入射光，因此，它和非荧光物质具有完全不同的颜色特性，给颜色测量带来很多不便。

实际进行荧光样品测色时，不能再用分光反射率 $\rho(\lambda)$ 来描述样品的反射特点，因为检测器检测到的光信号不是由单一的反射光组成的，必须把它分成两个部分——反射的入射光部分和新激发的荧光，才能正确测出它的表色值。常采用分光反射因数 $\beta_{\text{Test}}(\lambda, \mu)$ 来描述它的颜色反射特征，即：

$$\beta_{\text{Test}}(\lambda, \mu) = \beta_0(\lambda, \mu) + \beta_{\text{F}}(\lambda, \mu) \tag{6-4}$$

式中，$\beta_0(\lambda, \mu)$ 表示检测器检测到的反射光信号；$\beta_{\text{F}}(\lambda, \mu)$ 表示检测器检测到的新激发出的荧光光信号。由于测量荧光样品时，实际的计算方法推导十分繁琐，这里只介绍它的测色原理。

对荧光样品的表面色分光测色原理，可以简单地用如图 6-2 所示的原理图表示。图 6-2(a) 中，光源直接照射样品，来自样品的光（既有反射部分，也有新激发的部分）经过单色光仪后由光检测器接收；图 6-2(b) 中，光源先通过单色光仪，把复色光分解成单色光后照射样品，来自样品的光由检测器接收。

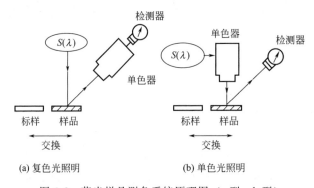

(a) 复色光照明　　　　　　　(b) 单色光照明

图 6-2　荧光样品测色系统原理图（a 型、b 型）

图 6-3 中的曲线 a 和曲线 b 分别是用图 6-2 所示的 (a)、(b) 两种测色系统测

得的橙色荧光样品的分光反射率曲线。从图 6-2 所示的测色仪器的原理图可知，曲线 a 表示样品被复色光照明，反射的部分光和样品发出的荧光都通过单色光仪，并由单色光仪进行分离后由检测器捕捉，所获得的信号既包含了反射的部分入射光，也包含了新激发出的荧光；曲线 b 表示样品被单色光照明后，反射的部分光和新激发的荧光都直接被检测器接收，检测器所获得的是这两种信号的混合体，检测器不能分辨出哪种是反射光，哪种是荧光，它都视为反射光。

从图 6-3 中的曲线 a 可知，在波长 610nm 处，有一个此荧光样品特有的吸收峰。荧光样品吸收了较短波长的光，而新激发出了荧光，所以，在系统（a）中，当照明光源发生变化时，测得的结果也会不同，因为不同光源所发出的辐射光谱功率分布不同。因此，测色系统（a）应当使用与 D_{65} 光源一样在紫外和可见光区的能量分布都接近的光源。图 6-3 为测定结果。

很显然，使用两种装置测量同一样品，所得的表色结果相差很大。进一步研究发现，使用（b）型那样的分光光度计测定荧光样品，所得的结果是不准确的，原因是当使用 b 型系统进行颜色的测量时，入射光先经过单色光器，变成了单色光后才照射到样品上，但是，检测器检测到的却是反射光和新激发的荧光的混合体，检测器不能把它们分辨出来，都视为反射光，从而输出错误的结果。

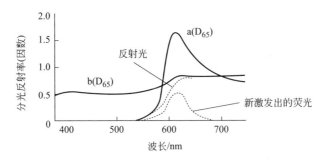

图 6-3 用两种测色系统测得的同一橙色荧光样品的分光反射率（因数）曲线

相反，对于装置（a），在测定非荧光样品的分光反射率因数时，因为是标样与样品两者的反射光的比，所以，测得的分光反射率值与入射光是无关的。因此这时它与系统（b）测得的结果应无差别。而在测定荧光样品时，检测器检测的某一波长的反射光中，不仅包含有与入射光波长相等的光，而且还包含有荧光样品吸收了波长较短的入射光而新激发出来的荧光，而荧光样品被激发出的荧光的强弱与照明光源中波长较短的光的能量分布有关。所以，以系统（a）测定荧光样品时，其测得的分光反射率因数决定于照明光源 $S(\lambda)$ 的光谱能量分布，特别是短波一侧的分布状态。

因此，要想用图 6-2 所示的 a 型系统测得荧光样品在 D_{65} 光源下的正确的三刺激值，必须保证光源的能量分布必须与 D_{65} 标准光源完全一致。实际上，为了更精确地测量荧光样品的表色值，人们还开发了与照明光源 $S(\lambda)$ 的光谱能量分布无关的新方法——双单色光器的方法，如图 6-4 所示。

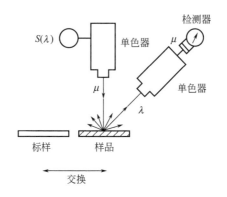

图 6-4　双单色光器测色系统原理

此系统原理正确，测量结果可靠，但表色值的计算式推导和计算都相当繁琐。测量时，光源发出的复色光经过第一单色光器分解得到单色光，照射样品后，样品表面反射入射光，同时也发出新激发的荧光，它们由第二单色光器进行解析，把反射光和荧光分别出来后，由检测器分别捕捉这两种信号。

如果把经过第一单色光器解析得到的单色光的波长用 μ（nm）表示，此单色光照射样品后，经过第二单色光器解析后的反射光和激发出的荧光的波长分别用 λ（nm）表示，其中 μ 和 λ 的波长范围均为 $300\sim780$nm，那么，经过检测器把它所获得的两种信号进行处理后，就可得到荧光样品的分光反射因数：

$$\beta_{\text{Test}}(\lambda,\mu)=\beta_0(\lambda,\mu)+\beta_{\text{F}}(\lambda,\mu) \tag{6-5}$$

为了便于理解，把某荧光样品在 $\mu=300$nm、350nm、380nm、420nm、440nm 各波长的单色光照射下测得的分光反射率因数 $\beta_{\text{Test}}(\lambda,\mu)$ 以波长为横坐标，分光反射率因数为纵坐标作图，如图 6-5 所示。

从图 6-5 中看到，当照射波长比样品被激发出的荧光的波长范围短时（$\mu<390$nm），反射光与荧光分离，当照射波长比荧光的波长范围上限长时（$\mu>440$nm），就只有反射光存在；当照射波长处在样品被激发出的荧光的波长范围内时，反射光与激发出的荧光共存。例如，当 $\mu=420$nm 时，两种光共存，即

$$\beta_{\text{Test}}(420,420)=\beta_0(420,420)+\beta_{\text{F}}(420,420) \tag{6-6}$$

式中，β_0 是反射光的分光反射率因数；β_{F} 是新激发出的荧光的分光反射率因数。

值得注意的是，如果把第二单色光器的出光狭缝宽度调大，反射光的分光反射率因数 β_0 的值不变，因为照射光是单色光，不连续。然而因为新激发出的荧光光谱是连续分布的，所以，这时 β_{F} 随第二单色光器狭缝的增大而增加。因此，在仪器的设计和制造时，要根据照射荧光样品的单色光各波长相应的能量大小和用于测定的波长宽度值把 $\beta_{\text{F}}(\lambda,\mu)$ 标准化。

与非荧光样品一样，也可以把不同波长单色光照射下荧光样品的分光反射率因

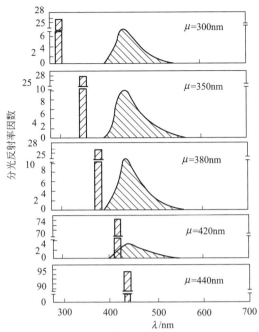

图 6-5　在不同波长的单色光照射下某荧光样品的分光反射率因数

数列表，便于荧光样品的色度计算。表 6-1 列出了荧光样品在照射光波长 $\mu =$ 300nm，310nm，320nm，$\cdots$，770nm，780nm 时的分光反射率因数 $\beta_{\text{Test}}(\lambda,\mu)$。

表 6-1　荧光样品的分光反射率因数

反射和发射波长 λ/nm	经第一单色光器解析后照射到样品上单色光的波长 μ/nm					
	300	310	320	$\cdots$	770	780
300	β_{Test} (300,300)	β_{Test} (300,310)	β_{Test} (300,320)	$\cdots$	β_{Test} (300,770)	β_{Test} (300,780)
310	β_{Test} (310,300)	β_{Test} (310,310)	β_{Test} (310,320)	$\cdots$	β_{Test} (310,770)	β_{Test} (310,780)
320	β_{Test} (320,300)	β_{Test} (320,310)	β_{Test} (320,320)	$\cdots$	β_{Test} (320,770)	β_{Test} (320,780)
$\vdots$	$\vdots$	$\vdots$	$\vdots$	$\vdots$	$\vdots$	$\vdots$
770	β_{Test} (770,300)	β_{Test} (770,310)	β_{Test} (770,320)	$\cdots$	β_{Test} (770,770)	β_{Test} (770,780)
780	β_{Test} (780,300)	β_{Test} (780,310)	β_{Test} (780,320)	$\cdots$	β_{Test} (780,770)	β_{Test} (780,780)

　　实际上，表 6-1 中的每个荧光样品的分光反射率因数都是两项数值 $\beta_0(\lambda,\mu)$ 与 $\beta_F(\lambda,\mu)$ 的和，只是在有些照射波长下，$\beta_F(\lambda,\mu)$ 的值等于 0。

　　准确测出了分光反射率因数值后，假设照明光源的能量分布为 $S(\lambda)$，根据 CIE 1931 标准色度观察者数据，仍然应用等间隔波长法，荧光样品的三刺激值就可以计算出来。

$$\begin{bmatrix} X \\ Y \\ Z \end{bmatrix} = k \sum_{i=1}^{n} S(\lambda) \beta_{\text{Test}}(\lambda, \mu) \begin{bmatrix} \overline{x}(\lambda) \\ \overline{y}(\lambda) \\ \overline{z}(\lambda) \end{bmatrix} \Delta \lambda_i \tag{6-7}$$

或
$$\begin{bmatrix} X \\ Y \\ Z \end{bmatrix} = k \left\{ \sum_{i=1}^{n} S(\lambda) \beta_0(\lambda, \mu) \begin{bmatrix} \overline{x}(\lambda) \\ \overline{y}(\lambda) \\ \overline{z}(\lambda) \end{bmatrix} \Delta \lambda_i + \right.$$

$$\left. \sum_{i=1}^{n} S(\lambda) \beta_{\text{F}}(\lambda, \mu) \begin{bmatrix} \overline{x}(\lambda) \\ \overline{y}(\lambda) \\ \overline{z}(\lambda) \end{bmatrix} \Delta \lambda_i \right\} \tag{6-8}$$

式中，$k = \dfrac{100}{\displaystyle\sum_{i=1}^{n} S(\lambda) \overline{y}(\lambda) \Delta \lambda_i}$

第三节　常用的测色仪器

颜色测量仪器是指通过一定的方法获得被测物体颜色表色值（三刺激值、色度坐标、色差等）的仪器。根据获得三刺激值的不同原理，目前常用的测色仪器可分为两类，一类是分光光度测色仪，另一类是光电积分式测色仪。其中分光光度测色仪主要用于测定固体表面的颜色，它与用于测量液体或透明物体的可见紫外分光光度计有很大的差别。这里对这两类仪器分别作简要介绍。

一、分光光度测色仪

（一）分光光度测色仪概述

1. 测色原理
在一定的照明和观测条件下，仪器通过对物体的照射光和反射光（透射光）进行测量、比较，获得其光谱反射率（光谱透过率），再调用仪器内（储存）的各种计算公式，自动计算、输出样品颜色的三刺激值 X、Y、Z 以及色度坐标、两颜色之间的色差值等各种表色值。

2. 仪器的构成
按各部分的功能来分，分光光度测色仪一般由照明光源、单色光仪、积分球、检测器和数据处理及储存系统等几个部分组成。

3. 仪器的光路设计
根据样品被照明的光是单色光还是复色光，常见的分光光度测色仪的光路设计有两类：样品被单色光照明的叫做"正向"光路设计，样品被复色光照射（直接被光源照射）的叫做"逆向"光路设计。

采用"正向"的光路设计，就是把光源发出的光（复色光）先经过单色光器，使之分解成单色光后，再按单色光波长大小依次通过出光狭缝进入积分球，照明样品，该单色光经样品表面反射后，再经积分球内壁多次反射，最后被检测器接收，如图 6-6 所示。采用这种设计，仪器所用的光源并不需要国际照明委员会推荐的标准光源，但必须知道其辐射的光谱功率分布，否则无法计算所测样品的三刺激值。这种分光光度测色仪不能准确地对荧光样品的颜色进行测定。

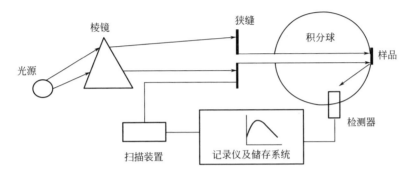

图 6-6   由单色光照明样品的分光光度计光路设计

采用"逆向"的光路设计，就是使光源发出的复色光直接照明样品，然后经样品表面反射后再经积分球收集，从积分球中传出的反射光由单色光器进行分解成为单色光，经过出光狭缝后，被检测器接收，如图 6-7 所示。采用这种光路设计，为了使样品被照明的程度与眼睛观察样品时相同，必须采用国际照明委员会推荐的照明体照明，而且最好是 CIE D_{65} 照明体（最接近平均日光）。通过将检测器检测到的信号与光源所辐射的信号相对比，就可以知道所测试的样品是不是荧光样品；如果是荧光样品，样品又吸收了何种波长的入射光，激发出了何种波长的荧光，所以能够准确地测定含荧光物质的颜色样品。

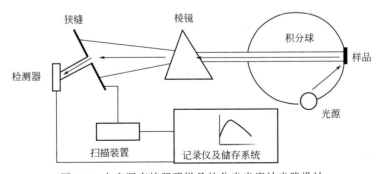

图 6-7   由光源直接照明样品的分光光度计光路设计

因 CIE D_{65} 照明体不能由某种光源直接提供，所以在仪器制造时，常采用高压脉冲氙灯或石英质卤钨灯发出的光，经过滤光片处理来模拟 D_{65} 照明体。这两种方法中，采用高压脉冲氙灯获得的光谱功率分布更接近 D_{65} 照明体，而且红外辐射较少。

为了既能测试非荧光样品，又能测荧光样品，有的分光光度测色仪同时具有"正向"、"逆向"两种光路，可以根据样品的不同进行选择切换。

（二）分光光度测色仪的构成

1. 光源

目前分光光度测色仪常用的光源有高压脉冲氙灯和卤钨灯两种。

高压脉冲氙灯的工作原理是：借助于电容器的脉冲放电，产生脉冲电流，当电流流过氙气时产生强辐射。该光源使用寿命很长，产生的辐射波长范围为 $250 \sim 700nm$，而且使是连续的，其光谱功率分布相当于色温约为 6500K 完全辐射体的功率分布。该光源的发射光谱不能直接用于测色照明，实际使用时，必须用滤光片进行处理，使透过滤光片的辐射尽量接近 D_{65} 照明体，如图 6-8 所示。

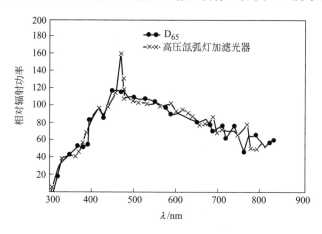

图 6-8　用高压氙灯模拟 D_{65} 照明体获得的光谱功率分布

卤钨灯中用得最多的是碘钨灯。在石英质的钨丝灯泡中封入碘，就做成了碘钨灯。碘钨灯的光谱功率分布相当于色温约为 3000K 的完全辐射体的功率分布，辐射波长范围是 $350 \sim 2500nm$，可见其辐射能量主要集中在红外区域。该光源在可见光区域的辐射能量，大致与工作电压的四次方成正比，所以它所提供的光辐射能量是否稳定，直接受制于工作电压的稳定程度。因此，为保证颜色测量准确，常常需要配备电源稳压装置。碘钨灯的发射光谱也不能直接用于测色，也必须用滤光片进行处理，经处理后（透过率光片）的辐射与 D_{65} 照明体也很接近，如图 6-9 所示。

2. 单色光器

单色光器的主要作用是将复色光转变成单色光，由棱镜、光栅、准直镜、聚光镜、反光镜、可调狭缝、吸收滤光片、干涉滤光片等元件组成。

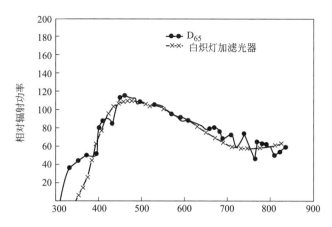

图 6-9　用碘钨灯（白炽灯）模拟 D_{65} 照明体获得的光谱功率分布

有的仪器单独使用棱镜或光栅作为色散元件，有的则把棱镜和光栅串连起来使用，使复色光经过两次色散，以提高单色光的单色性。准直镜的作用是使光束平行，聚光镜使光束聚集，反光镜使光束改变方向，可调狭缝是通过调节狭缝的宽度来调节进、出光束的光通量。值得注意的是，通过色散元件光栅获得的单色光具有偏振性，如果待测样品也会使光发生偏振现象，那么在测定这类样品时，必须使样品变换角度，进行多次测量取平均值，否则会造成较大的误差。吸收滤光片和干涉滤光片并非所有仪器都有，只是在部分仪器中采用，主要作用是选择波长。吸收滤光片只用于辐射的可见光部分，干涉滤光片则可用于紫外辐射和可见光部分。

3. 积分球

积分球本质上就一个是空心的金属球体，球壁上有测样孔等若干开口，但开口的面积一般都不大于球内壁反射面积的 10%。常见的积分球直径为 52～200mm，内壁先用白色的环氧树脂底漆（用二氧化钛作颜料）喷涂，再用以高纯度硫酸钡粉末为主要成分的刷白剂刷白。刷白剂的配方见表 6-2。

表 6-2　刷白剂的配方

头道涂刷/质量份	二道涂刷/质量份	三道涂刷/质量份
硫酸钡 100	硫酸钡 100	硫酸钡 100
聚乙烯醇 4	聚乙烯醇 4	聚乙烯醇 4
水 40	水 40	水 200

对配方中所用的聚乙烯醇有特殊要求，在 20℃时该聚乙烯醇 4% 的水溶液的黏度为 0.03Pa·s。只有使用这样的刷白剂，才能保证球内壁对光几乎不吸收，光线在球内经过多次反射后，还能以很大的比例（与光入射时相比）输出。因积分球内壁处于充分的漫反射状态，所以当其内壁被光照射时通体明亮，而且可证明球内壁上任意一点的发光强度都相等。随着技术的不断进步，积分球内壁的搪白材料也在不断改变，以期获得更长的寿命、更高的稳定性和使用效率。

4. 检测器

当入射光照射样品后，经样品反射再照射检测器探头，检测器把接收到的光信号转换成电流型号，通过电流的大小来确定光的能量，从而确定反射光的光谱功率分布，获得样品的各种表色值，这就是检测器的工作原理。检测器中的核心元件主要有光电倍增管和光敏二极管两种，它们的作用就是把光信号转换成电信号后检出。

当样品反射光能量较低时，由光信号转化成的电信号很弱，会导致检测误差较大，所以这种情况下不宜采用普通的光电管，应采用光电倍增管把信号放大后再检出。光敏二极管单独使用时灵敏度没有光电倍增管高，因此实际使用时都是把很多二极管集中在一块硅片上，做成二极管阵列检测器。这种检测器可对反射光同时进行接收和分光，从而使仪器的测色速度大大提高。在现代测色仪器中，大多采用二极管阵列检测器。

值得注意的是，人眼、光电倍增管和光敏二极管三者对光谱的相对的响应曲线并不相同，说明它们对不同波长光谱能量大小的反应灵敏度不同，而且差异还很大，如图 6-10 所示。

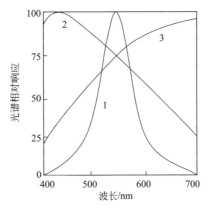

图 6-10　人眼、光电倍增管和光敏二极管的光谱响应曲线
1—人眼；2—光电倍增管；3—光敏二极管

5. 数据处理及储存系统

分光光度测色仪都需配置计算机，计算机就是其数据处理及储存系统。一般台式分光光度测色仪除了具有测色功能外，还具有根据基础数据库、目标色自动（计算）输出能调配出目标色配方的功能。仪器都带有操作软件，只要把软件安装在计算机内，仪器就由软件控制。只要在计算机上操作就可完成测色、配色任务。

（三）分光光度测色仪的校正

分光光度测色仪必须经过校正之后才能进行测色、配色工作。现代分光光度测色仪的校正非常简便，只要按照软件提示，逐步进行操作就可完成了：先测定黑色

（放吸光阱，反射率因数 $Y=0$），再测白色（工作白板，反射率因数 $Y=100\%$），最后测标准样品板。因该标准样品板的分光光度曲线在仪器制作时已经输入软件，只要校正时测得的结果与之的色差在规定范围内，仪器就通过了校正，接下来可以进行测色、配色工作。但是早期的分光光度测色仪需要定期对波长标尺、光度标尺进行校正。这里不作介绍。

（四）分光光度测色仪产品介绍

1. Datacolor 分光光度测色仪

美国 Datacolor 公司生产的分光光度测色仪分为台式和手提便携式两类。在台式机中，主要产品型号有 Datacolor 650、Datacolor 600、Datacolor 550、Datacolor 400、Datacolor 110 等几种，便携式的型号是 Datacolor Check。传统 Datacolor 分光光度测色仪的光路原理图如图 6-11 所示。

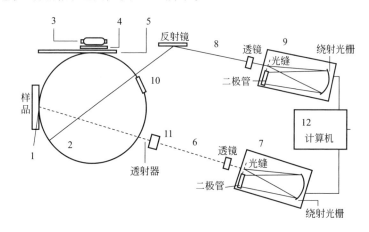

图 6-11　传统 Datacolor 分光光度测色仪的光路原理

1—测量孔；2—积分球；3—脉冲氙灯；4—D_{65}滤光片；5—电机驱动滤光片轮；
6—样品测量光束；7—样品测量接收器；8—参比测量光束；9—参比测量接收器；
10—光吸收器（表面光）；11—小样品透镜系统；12—计算机

（1）台式测色仪。下面以 Datacolor 400 型分光光度测色仪为例，介绍仪器的参数及软件功能。

该仪器系统适用于涂料、油墨、塑料、皮革等的计算机自动配色。具有标准 RS232 接口和 USB 接口。光源是高强度脉冲氙灯，其辐射经过滤后接近 D_{65} 照明体。采用双光束测量原理，漫反射/8°（d/8°）的测量方式。光电二极管阵列检测器，每个阵列至少由 100 个二极管组成，使得在可见光谱范围内反射率测量间隔小于或等于 5nm。单色光器采用一体化高分辨率全息光栅，与检测器对应，每个至少有 100 个分光狭缝。将检测器与光栅密封为一体，这样可以有效防止空气中的湿气和化学物质对光栅的腐蚀，延长仪器的使用寿命。积分球直径为 152mm，具有四种测量孔径：最大孔径大于或等于 30mm，最小孔径小于或等于 3mm。仪器可自动调节光泽因素（包含光泽和不包含光泽的测量），测量波长范围为 360～700nm，检测波长间隔小于或等于 5nm，输出波长间隔为 10nm，可测量样品的反射率范围为 0～200%。仪器重复测量精度为平均值小于或等于 $0.02\Delta E$，仪器间交换性精度为平均值 $\Delta E \leqslant 0.2\Delta E$ CIE LAB。

仪器所配置的操作软件除了测色外，更重要的功能是根据基础数据库自动计算并输出调配目标色所需的最优化（按色差、成本来优化）配方。

① 配方控制中心。所有配色及修色功能都可在一个窗口显示和运行。不论是以前配过的颜色（存在计算机中），还是一种新颜色作为目标色，在配方控制中心的默认设置的情况下，就可输出调出目标色所需的配方。在输出配方以前，可以在显示的位置直接更改计量单位、显示格式、涂膜厚度等资料。采用集成化的颜色评估表格，用图形、色度坐标、色差及同色异谱指数等方式对试配色与目标色进行对比评估。

② 工作模板。每个工作是一个虚拟的记事本，自动组织并记录配色过程的每一个步骤。打开一个工作记录，可查看完成该项配色任务的全部选项、设置、数据库资料及输出结果。当工作记录再次被打开时，会自动回到上一次退出的位置，可以进行新的操作。任何工作都可用作模板，自动套用即将进行的同类工作。只要用鼠标操作就可进入上一页面。

③ 颜料、组分、配方及资料管理。通过颜料组导航程式，为配色系统的基础数据库资料的建立提供一步步导航。数据库可由许多不同级别的基本成分构成，而且可以记录每种组分的价格、密度、使用有效期和着色力度等参数，便于优化输出配方。可输出质量、体积配方，而且配方的总量能任意改变。系统能根据使用者所追求的指标（色差、成本等）对配方进行排序。与 Windows 浏览器一样，资料导航能管理所有的资料，并可根据使用者的意愿存入自定义的文件夹及其子文件夹中，资料数据库系统完全支持开放式数据库相互联机，可单机或联网使用。

④ 配色。可用于不透明产品、半透明和透明颜色样品的配色。使用者可根据以前的工作和数据库资料，选择自动配色、搜寻及修色、组合配色等配方计算方法。计算配方前，可设定配方中颜料的最小、最大用量值，而且还可把任一种组分设定为"必须使用"。

⑤ 修色。能根据试配色的测色结果自动计算并输出最佳追加量，而且可显示配方改变后的试配色的预测结果。

（2）手提便携式测色仪。Datacolor Check 系列手提式分光光度测色仪是 Datacolor 公司的新产品，与 Datacolor 公司的台式机一样，也是积分球式，双光束测量原理，脉冲氙灯光源，SP-2000 光电检测器，测色精度、稳定性、数据兼容性等指标能满足涂料等行业的配色需求。

① 操作界面。Datacolor Check 采用掌上计算机（PDA）作为用户界面，配以 Palm 操作系统。所以具有以下的特点：在屏幕上显示有关数据，触摸式操作。可用点击或手写两种方法输入颜色样品的名称，便于数据管理和检索（仪器具有数据检索功能）。配备 8M（8 兆比特）的"数据备份内存卡"，可备份数据，防止丢失。

② 光泽补偿测量模式。在传统的 SCI/SCE（自动光泽包含/不包含）测量模式基础上，新增加了"光泽度"测量模式。当启动该模式后，具有以下功能：测量颜色样品的三个角度的（20°/60°/85°）光泽度值；当标准颜色样品和对比颜色样品光泽度不同时，仪器会自动提示；对于光泽度不同的两个颜色样品，能给出光泽补偿后的色差，这一点和 SCI/SCE 模式相比，这个色差值才能正确地反映两个颜色真正的视觉差异。

③ 数据检索功能。只要输入颜色样品的近似名称，即可搜索目标；输入颜色样品的表色值（测量颜色样品或输入数值均可），就可搜索系统中所储存的最接近的颜色，可以加快配色的速度。

④ 数据传输和管理软件。随机配备有相应的软件，用于将数据传送到外接计算机，以便对数据做进一步处理。可外接微型打印机，打印颜色测量结果。

2. X-Rite 分光光度测色仪

美国 X-Rite 公司生产的台式系列分光光度测色仪有 X-RiteColor Premier8400、X-RiteColor Premier 8200、CFS57/CA、CF57/CA 45°/0°等几种，这里对前两种作简要介绍。

在台式系列中，X-RiteColor Premier 8200 和 X-RiteColor Premier 8400 分光光度测色仪都带有自身的软件操作系统。这两种型号的仪器都内置 CCD 数码目标定位系统，能够在测量前观察样品放置位置并确定测量点；同一机体可垂直或水平放置，能满足不同样品或不同测量环境的需要。

X-RiteColor Premier 8200 台式分光光度测色仪可同时提供反射和透射测量方式。采用脉冲式氙灯作为光源，双光束光学系统，d/8°测色条件；积分球直径为 150mm；光电二极管阵列检测器，光谱波长范围为 360～740nm，反射率测量范围为 0～200%，分辨率 0.01%。仪器具有 4.0mm 测量（6.5mm 照明）、8.0mm 测量（12.7mm 照明）、19.0mm 测量（25.4mm 照明）三种测量孔径可选择。同型号的不同仪器之间测色偏差值在 $0.15\Delta E$ 以内（测量 12 块 BCRA II 系列色板平均值），短期重复性为 $0.02\Delta E$（平均值）。

X-RiteColor Premier 8400 台式分光光度测色仪采用脉冲式氙灯作为光源，经紫外光滤光片滤光后获得模拟 D_{65} 照明体的光谱功率分布。仪器具有 4.0mm 测量（6.5mm 照明）、8.0mm 测量（12.7mm 照明）、19.0mm 测量（25.4mm 照明）三种测量孔径可选择。同型号的不同仪器之间测色偏差值在 $0.08\Delta E$ 以内（测量 12 块 BCRA II 系列色板平均值），短期重复性为 $0.01\Delta E$（平均值）。

二、光电积分式测色仪

（一）光电积分式测色仪器的构成

光电积分式测色仪器的结构一般主要包括照明光源、滤光片、检测器（光电二极管）、信号放大器、输出装置等几个部分，其结构原理图如图 6-12 所示。

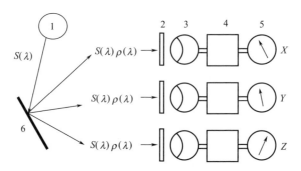

图 6-12　光电积分式测色仪器的结构原理示意

1—照明光源；2—滤光片；3—光电二极管；

4—信号放大器；5—输出装置；6—样品

（二）卢瑟（Luther）条件

如果测色仪器所采用的照明光源的光谱光功率分布为 $S(\lambda)$，样品的反射率因数为 $\rho(\lambda)$，则光源照射样品后，通过样品表面反射光的光谱功率分布为 $S(\lambda)\rho(\lambda)$。假设三块滤光片的光谱透过率（透过滤光片的光能量与照射到滤光片上总能量之比）分别为 $\tau_x(\lambda)$、$\tau_y(\lambda)$、$\tau_z(\lambda)$，则透过三块滤光片的光谱功率分布分别为 $S(\lambda)\rho(\lambda)\tau_x(\lambda)$、$S(\lambda)\rho(\lambda)\tau_y(\lambda)$、$S(\lambda)\rho(\lambda)\tau_z(\lambda)$。如果光电检测器的光谱灵敏度（光电二极管所检测到的光能量与照射到光电二极管上光的总能量之比）为 $\varphi(\lambda)$，则光电二极管检测到的光能量分别为 $S(\lambda)\rho(\lambda)\tau_x(\lambda)\varphi(\lambda)$、$S(\lambda)\rho(\lambda)\tau_y(\lambda)\varphi(\lambda)$、$S(\lambda)\rho(\lambda)\tau_z(\lambda)\varphi(\lambda)$。

颜色的三刺激值的计算方法是式(3-13)，即

$$X = k \int_{380}^{780} S(\lambda)\rho(\lambda)\,\overline{x}(\lambda)\,\mathrm{d}\lambda$$

$$Y = k \int_{380}^{780} S(\lambda)\rho(\lambda)\,\overline{y}(\lambda)\,\mathrm{d}\lambda$$

$$Z = k \int_{380}^{780} S(\lambda)\rho(\lambda)\,\overline{z}(\lambda)\,\mathrm{d}\lambda$$

用 $S_c(\lambda)$ 表示 CIE 标准 C 照明体的光谱功率分布，$X(\lambda)$、$Y(\lambda)$、$Z(\lambda)$ 表示样品色在 CIE 标准 C 照明体下的三刺激值，如果式中，k_x、k_y、k_z 为比例常数，则说明该仪器满足卢瑟（Luther）条件。

$$k_x S(\lambda)\rho(\lambda)\tau_x(\lambda)\varphi(\lambda) = S_c(\lambda)X(\lambda)$$
$$k_y S(\lambda)\rho(\lambda)\tau_y(\lambda)\varphi(\lambda) = S_c(\lambda)Y(\lambda) \qquad (6\text{-}9)$$
$$k_z S(\lambda)\rho(\lambda)\tau_z(\lambda)\varphi(\lambda) = S_c(\lambda)Z(\lambda)$$

（三）光电积分式测色仪器在制作上的困难

要使仪器测量精确，就必须使其满足卢瑟条件。在仪器制造过程中，特别是三块滤光片的制作显得很困难。在颜色的三刺激值曲线中，$X(\lambda)$ 曲线由前、后两个峰组成，以 504nm 为界，前一个峰的积分面积较小，只占 $X(\lambda)$ 曲线总积分值的 16.7%。因此，要精确地输出三刺激值 X，必须要有两个检测器，分别用于检测前后两个峰的积分值。输出三刺激值 Y、Z 各需要一个检测器。那么仪器共需要四个检测器。但是实际上并非如此，仪器在制作时都采用三个检测器，其中一个输出 X（只捕捉后一个峰的信号）。用于输出 X 的检测器，其信号由两部分组成：$X(\lambda)$ 曲线的前一个较小面积峰是近似处理的，因它的形状与 $Z(\lambda)$ 曲线相似，所以就用 $Z(\lambda)$ 曲线的积分面积取一个百分数作为 $X(\lambda)$ 曲线的前一个小峰的面积，再加上那一个检测器检测到的信号（后一个峰的积分值），就能输出 X 值，如图 6-13 所示。

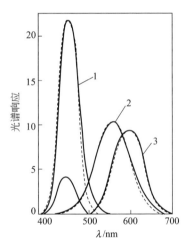

图 6-13 光电积分式测色仪器输出的三刺激值曲线
1—检测器输出的 $Z(\lambda)$；2—检测器输出的 $Y(\lambda)$；3—检测器输出的 $X(\lambda)$

（四）影响光电积分式测色仪器测量精度的因素及几种色差计的参数

从仪器的三刺激值输出原理上，可以看出输出结果是经过近似处理的，所以不如分光光度测色仪的测量结果精确。仪器的测量结果要精确，首先需要满足卢瑟条件，但实际情况是各种仪器对卢瑟条件的满足程度是不一样的，也没有一种仪器能 100% 的满足卢瑟条件。实际使用时，为了使因检测器修正不完美（仪器不能完全满足卢瑟条件）所造成的误差尽量小，常常根据待测样品的颜色来选用不同的标准色板或标准滤光片来校正仪器，测量标准色板时，只要仪器所输出的三刺激值和标准色板或标准滤光片中的标定值在误差范围内，就视为仪器通过了校正，即能够准确测量与标准色板同类的样品颜色。

另一方面，从卢瑟条件本身可以看出，条件等式成立要在照明光源的光谱功率分布稳定的前提下才有意义，也就是说，要使测量结果具有可比性，必须保证照明光源的光谱功率分布稳定。

光电积分式测色仪器虽然不如分光光度测色仪的测量结果精确，但可以满足一般测色要求，所以也广泛被采用。这类仪器的特点是结构简单，价格便宜。这里介绍几种色差计的参数。

1. 日本美能达（MINOLTA）公司生产的色差计

主要有小型色差计 CR-10 和 CR-400/410 色彩色差计，主要用于涂料、印刷、印染、塑胶、橡胶及陶瓷等行业色差分析。他们的技术参数分别见表 6-3、表 6-4。

表 6-3　小型色差计 CR-10 的技术参数

照明/观察光学系统	8/d(8°照明角/漫射)
测量孔径	约直径 $\phi 8mm$
输出模式	$\Delta(L^*a^*b^*)$、ΔE^*ab 或 $\Delta(L^*C^*H^*)$、ΔE^*ab
标准色记忆	一个，用测量输入
测量范围	$L^*:10\sim100$
测量条件	观测者：CIE10°标准观测者。光源：CIE D_{65} 标准光源
重复性	标准偏差 ΔE^*ab：0.1 以内（测量条件：使用白色板测定取其平均值）
测量时间间隔	约 1s
电源	4 枚五号电池或交流电转换器 AC-A12
耗电量	碱锰电池：以 10s 间隔可达 2000 次。镍镉电池：以 10s 间隔可达 600 次
使用温度、湿度	$0\sim40℃(32\sim104\,℉)$；低于 85％相对湿度

表 6-4　CR-400/410 色彩色差计的技术参数

型　　号	CR-400 探头	CR-410 探头
照明/测量系统	扩散照明/0°受光（SCI）	广阔面积照明/0°受光（SCI）
感光组件	硅光电二极管(6)	
测量范围	$Y:0.01\%\sim160.00\%$（反射率）	
光源	脉冲氙弧灯	
测量时间	1s	
最少测量间隔	3s	
测量/照明口径	$\phi 8/\phi 11$	$\phi 50/\phi 53$
重复精度	标准偏差 ΔE^*ab 0.07 以内（测量条件：对白色校准板在白色校准完成后以 10s 为间隔测量 30 次）	

续表

型　　号	CR-400 探头	CR-410 探头
仪器误差	$\Delta E^* ab$ 0.6 以内,测量 12 块 BCRA 系列 II 色板的平均值	$\Delta E^* ab$ 0.8 以内,测量 12 块 BCRA 系列 II 色板的平均值
观察角	2°,近似于 CIE1931 等色函数	
光源	C,D_{65}	
输出参数	表色值,色差数值,合格/警告/不合格显示	
可显示色空间/色度数据	XYZ、Yxy、$L^*a^*b^*$、HunterLab、L^*C^*h、Munsell(只限光源 C)、CMC(1∶c)、CIE1994、Lab99、LCh99、CIE2000、$CIEWI^*Tw$(只限光源 D_{65})、BWIASTME313(只限光源 C)、YIASTMD1925(只限光源 C)、YIASTME313(只限光源 C)、使用者指示(最多可从计算机设置 6 个)	
可储存数据	1000(测量探头及数据处理器可储存不同数据)	
色差标准数据	100	
校正通道	20 组(ch00:白板校正,ch01~ch19:使用者校正)	
电源	4 枚 AAA 碱性或 Ni-MH 电池、电源转换器	

2. 美国爱色丽（X-Rite）公司生产的色差计

主要有 SP60、SP62、SP64 等几种型号，它们的主要技术参数见表 6-5。

表 6-5　X-Rite SP 系列色差计主要技术参数

型号	光　学　系　统	仪器台间差	光谱范围/nm	光谱波长间距	短期重复性	检测器
SP60	d/8°;DRS 光谱感应器;固定测量孔径:8mm 测量/12mm 照明	测量 12 块 BCRA II 系列色板平均值(包含镜面反射)CIE $L^*a^*b^*$:$0.40\Delta E^*ab$ 以内;最大 $0.60\Delta E^*ab$(测量任何色板)			$0.10\Delta E^*ab$,测量白色标准板(标准误差数)	
SP62	d/8°;DRS 光谱感应器;可选择的测量孔径:4mm 测量/6.5mm 照明;8mm 测量/13mm 照明;14mm 测量/20mm 照明	测量 12 块 BCRA II 系列色板平均值(包含镜面反射)CIE $L^*a^*b^*$:$0.20\Delta E^*ab$ 以内;最大 $0.40\Delta E^*ab$(测量任何色板)	400~700	10nm 测量;10nm 输出	$0.05\Delta E^*ab$,测量白色标准板(标准误差数)	硅光电二极管
SP64	d/8°;DRS 光谱感应器;可选择的测量孔径:4mm 测量/6.5mm 照明;8mm 测量/13mm 照明(4mm 和 8mm 测量目标窗内置可转);14mm 测量/20mm 照明	测量 12 块 BCRA II 系列色板平均值(包含镜面反射)CIE $L^*a^*b^*$:$0.20\Delta E^*ab$ 以内;最大 $0.40\Delta E^*ab$(测量任何色板)			$0.05\Delta E^*ab$,测量白色标准板(标准误差数)	

3. 美国亨特（Hnuter Lab）公司生产的色差计

MiniScanXP Plus 手提式色差计是 Hunter Lab 公司的产品，其主要技术参数见表 6-6。

表 6-6　MiniScanXP Plus 手提式色差计主要技术参数

指标	光源	光谱范围/nm	光度范围/%	波长精度/nm	光谱分辨率/nm
参数	脉冲氙灯	400～700	0～150	1	10

4. SC-80 全自动色差计

SC-80 全自动色差计是我国北京生产的，能测量两种颜色之间的色差，也能测量某一种颜色在 CIE1931-XYZ、$L*a*b*$、$LC*H*$ 等色空间中的各种表色值、$L*a*b*$ 色空间中的色差值和甘茨白度值；它既能对固体表面进行测色，也能对粉末样品进行测色。该色差计采用 D_{65} 标准照明体、0/d 条件、国际照明委员会规定的 10°视场，具有 RS-232 通信接口，可以把测量数据输出到计算机或打印机。其具体的技术参数见表 6-7。

表 6-7　SC-80 全自动色差计的主要技术参数

色差值	XYZ、Yxy、$La*b*$、$LC*H*$、HunterLab、白度、黄度、色牢度
测量孔径/mm	$\phi 15$
示值精度	色度坐标(x,y)0.0001，其余 0.01
稳定度	$\Delta Y \leqslant 0.3/h$
测量准确度	$\Delta Y \leqslant 1.0$，Δx、$\Delta y \leqslant 0.015$
测量重复性	$\Delta Y \leqslant 0.3$、$\Delta E \leqslant 0.3$
仪器台间差	ΔX、ΔY、$\Delta Z \leqslant 1.0$

测色仪器种类很多，这就要求根据工作性质（是一般测色，只需要判断色差大小；还是需要用测色仪器进行自动输出配方进行配色）进行选择。在测色仪器的实际使用过程中，分光光度测色仪除了具有测色功能外，常用于配色；色差计一般常用于判断目标色与样品色之间的色差大小。

习　题

1. 颜色测定实质上是测定什么参数？为什么只需测定这个参数？
2. 什么是完全反射漫射体？分光反射率因数的定义是什么？
3. 标准白板常用材料有哪些？哪种材料稳定性较好？
4. 作为标准白板的材料应满足哪些条件？
5. 分别叙述四种测色条件。
6. 荧光样品和非荧光样品的特性有什么不同？
7. 荧光样品和非荧光样品的三刺激值测量原理、方法上有什么不同？
8. 分光光度测色仪一般由哪几部分组成？其光路设计有哪几种？各有什么

优点?

9. 仔细阅读教材中所介绍的几种测色仪器,比较其各自的优缺点。从互联网上收集目前常用的测色仪,尽量熟悉他们。

10. 如果你是某涂料企业的一位调色人员,现企业需要建设一个涂料调色实验室,请你拿出仪器选购和实验室的布置方案。

第七章
调色基础知识

第一节 基础漆与色浆

目前常用的涂料可分为水性涂料、油性涂料和粉末涂料三类。其中，水性涂料和油性涂料都是液态涂料，对它们进行调色，在工艺操作上有一定的区别，但原理是相同的。至于粉末涂料，因为是固态粉末状的，颜料加入后，分散得不如液态涂料那么均匀。而且，混入颜料后不能立刻显现涂膜的颜色，要等待其在底材上固化成膜后，才能与目标色对比，判断所调出的颜色与目标色之间的色差大小，从而确定所调出的颜色是否满足要求。目前，粉末涂料的调色显得比液态涂料要难得多。但用所调出的颜色与目标色对比、颜料的选择方法、调色的技巧等，都与液态涂料一致。

为了便于读者实际操作训练，这里以乳胶漆为例，来介绍调色的过程和技巧。值得注意的是，作为涂料调色工作者，仅懂得如何根据目标色来选择主色调（色浆或颜料的选择）、调色方法、色差判断是远远不够的。调色工作要求细心、有耐心，需要长期训练，不能急于求成。只有经过长时间的实际工作，才能熟练掌握各种调色技巧，才能又快又准地调出所需颜色或获得目标色的配方。

一、基础漆

所谓基础漆，简单而言，就是涂料企业自己生产的白漆或清漆（不含有遮盖力的颜料）。基础漆是调色的载体，在调色过程中对基础漆的控制将会影响到调色的准确性、再现性、相容性、经济性和色域覆盖所有的方面。同时，基础漆又是工厂商店一体化调色系统中唯一一个由涂料企业自己准备的部分，也因此不同的基础漆会使调色系统的使用及效果产生显著的差异。基础漆由于其配方的不同、使用范围的不同，有很大的差异，为了提高厂家的基础漆在一体化调色系统使用时的匹配性并充分发挥系统优势，需要对基础漆进行调整。

（一）基础漆的批次色差对调色系统的影响

企业生产的基础漆，如果产品批次不同，在各批次的基础漆之间会存在着色差。这些色差，会引起调色结果有很大的偏差，实验证明，因不同批次的基础漆的色差，可使调色结果偏差 60%。

通过对不同批次基础漆的调色结果的综合分析，基础漆的色差需要控制在 0.3 以下，对调色系统的最终结果影响才会较小。

（二）基础漆与色浆的相容性对调色系统最终结果的影响

基础漆与色浆的相容性影响调色的准确性和经济性，相容性的好坏通过指研试验和把色浆与基础漆混匀后静置较长时间的方法可以看出。

所谓指研试验，即取白漆 100g，加入 2～3g 待试色浆，充分搅匀后，涂布在被涂物表面，待漆膜快要干时，用手指研磨涂膜表层部分，待漆膜干透后，观察用手指研擦过和未经研擦过的地方是否有色差，如差别较大，则色浆与所测试涂料的相容性不好，以此色浆调出的涂料易产生浮色现象。如颜色相同，一般不会产生浮色现象。

实验证明，当相容性的指研色差在 0.5 以下时，对调色的最终结果的准确性和经济性影响都较小。

把色浆与基础漆混匀后静置的方法，就是把选用的色浆加入基础漆中，搅拌混匀，静置 24h，观察是否出现浮色的现象（颜料分层），如出现颜料分层，则说明所采用的色浆与基础漆的相容性不好。

（三）基础漆钛白含量的划分对调色系统的影响

基础漆中钛白含量的划分依据主要是调色对色域的要求和经济性的要求，以及涂料对遮盖力的要求和色浆的最大添加量对涂料性能的影响等。必须对这几个方面的因素进行综合考虑后，才能做出合理的划分。

可以满足色域覆盖和经济性的基础漆中钛白含量划分方式有很多种，现在常见的有 4 种钛白含量的基础漆体系和 2 种钛白含量的基础漆体系。但是，经过综合考虑经济性、调色成本、库存节约等综合因素和市场对颜色的需要，可以根据企业自身的实际情况，确定划分为由多少种钛白含量组成的基础漆体系。例如，某一体系的基础漆分为三种钛白含量，分别是 A 漆钛白含量为 18%～23%，B 漆钛白含量为 7%～13%，C 漆钛白含量为 0。

（四）基础漆的性能指标

为了得到满意的最终调色结果，使基础漆对调色结果的影响达到客户能接受的程度，对基础漆性能指标的要求，列于表 7-1 中。

表 7-1 对基础漆性能指标的要求

基础漆要求	批次色差 ΔE	相容性色差 ΔE
技术指标	<0.3	指研试验，<0.5

二、色浆

这里讲的色浆，主要是指水性色浆。水性色浆是指将有机或无机颜料在表面活性剂的润湿、分散作用下（也可以加入水溶性树脂），形成的均一、稳定的，具有一定的流动性或触变流动性，有较强着色强度的浓缩颜料浆。水性色浆体系有两种：一种为高颜料含量无树脂体系；另一种为低颜料含量有树脂（通用树脂、其他单一树脂）体系。其中前者颜料浓度高、着色力强、展色性能佳、相容性好、具有触变流动性，一般不引起浮色和发花，助剂选择合理，具有通用性。后者颜料浓度相对较低，但是具备较好的着色力，展色性好，流动性和黏度较为稳定，该体系中含有树脂，相容性需要做试验，否则易导致涂料浮色或发花。油性漆的调色，一般采用企业自己磨制的颜料浆。

（一）调色系统对色浆的要求和色浆对系统的影响

色浆作为着色体，在一体化调色中同时影响颜色的准确性、再现性、相容性、经济性和色域覆盖等所有的系统性能。

作为一体化的调色色浆，在物理化学指标方面有更高的要求，主要表现在对色浆的黏度和干燥速度方面需要对调色设备要有良好的适应性，满足设备要求。另外，对色浆的批次稳定性有更严格的要求，批次色差的控制是实现系统调色准确性和再现性的重要保证。

色浆的相容性对系统的影响主要是调色的经济性和调色的再现性。色浆的相容性主要表现在颜料的絮凝、返粗或者从涂料中析出等。这些现象会引起色浆的着色力降低，从而使色浆的用量增加，色浆在涂料中分布不均匀等，都会直接影响调色经济性和准确性。

（二）调色系统色浆的选择

从色域角度来说，色浆的选择需要具有对应于色相环中的各个主色调的种类，以满足调色的色域要求。一个充分考虑到调色系统成本和性能综合指数的一体化调色系统，会配置 $X+Y$ 支左右的色浆以满足不同需要。其中 X 支是内外墙通用色浆，满足小批量零售，或异地工程做样板使用。Y 支是补充的工厂高浓度色浆，兼顾外墙颜色耐候性需要和极具吸引力的成本优势。

从性能的角度来说，色浆的选择需要使用高耐受环境的颜料品种，以满足外墙调色要求。对于有机颜料而言，由于晶型结构的特殊性以及颜料粒径较无机颜料小，具有颜色鲜艳、饱和度高、着色力强的优点。但颜料并不是研磨得越细越好。颜料粒径越小，其比表面积越大，吸收的光能就越多，因而单位着色力越强。但是，不利的方面也随之而来。粒径小，水汽、氧气等物质对颜料的破坏作用也会越大，反而会导致颜料的耐候性变差。这也是某些有机颜料品种原始粒径较大、耐候性较好的原因之一。

因此，乳胶漆外用色浆并不是颜料越细越好。同样颜料指数的色浆，尽管有的细度小，着色力高，但其耐候性却得不到起码的保证。尤其对于调色系统色浆，其细度更应控制在适当范围内。适当的细度，即达到最佳有效着色粒子数，有助于相对地提高色浆耐候性。

从经济性方面来说，一体化调色系统色浆，需要充分考虑到使用同色域高浓度色浆，来降低调色的成本。

第二节 色漆的配方设计

色漆的配方设计，就是确定色漆在生产过程中所使用的成膜物（各种树脂）、颜料、溶剂和助剂等原料的种类及其数量（比例），并确定把颜料均匀地分散于漆料中的研磨分散方式。目的是使所生产的色漆漆液和涂膜的性能都满足使用者的要求。

一、成膜物的选择

涂料中的成膜物质，作用是使涂料牢固附着于被涂物表面上，并形成连续的涂膜。它主要包括油脂和高分子材料（树脂）两类，但是，不挥发的活性稀释剂也属于成膜物质。成膜物质是涂料的基本组分，对涂膜的物理、化学性质起着决定性的作用。

成膜物质不同的色漆具有不同的涂膜性能。例如，醇酸树脂漆涂膜光泽度高、耐久性、附着力也好，但其耐水性和耐碱性却较差，而且，与烘漆相比涂膜较软，耐划伤性差；酚醛树脂漆涂膜坚韧光亮，且耐水性好，但是其涂膜泛黄严重，不能用以制造白色漆；环氧树脂漆涂膜的附着力、韧性、耐化学药品性和介电性能都很好，环氧树脂漆常被优先选用来制造底漆，但是，环氧树脂抗紫外线能力差，如外用，易粉化；氟碳树脂漆由于其分子内的 C—F 键键能很大，不易被紫外线破坏，从而具有超常的耐候性；丙烯酸树脂漆涂膜光泽度高，保光保色性好等。涂膜的性能是由成膜物质决定的，配方的调整，难以从根本上改变。因此，在色漆配方设计时，必须根据色漆的具体用途和使用环境来选择成膜物的种类和具体品种。

色漆涂膜的施工方式和干燥方式也是由成膜物质的类型决定的，色漆的成膜方式是由成膜物的交联固化方式决定的。例如，对于醇酸树脂漆，既可以采用刷涂，也可以采用喷涂的施工方式，而硝基漆和氨基树脂漆则常采用喷涂的施工方式。

色漆中的成膜物质，不仅决定涂膜的性能，而且对色漆的成本也有重大的影响。涂膜的性能和产品的成本决定了产品的生存竞争能力。实际生产中，在不降低涂膜技术性能要求的前提下，要尽量降低产品成本，其中原料（成膜物）的成本高低是十分重要的。所以，在色漆配方设计时，如果多种成膜物都能满足涂膜的性能要求，就应该选择价格较低者。

在实际色漆配方设计过程中，要经过多方面的权衡，并通过大量的实验来筛选满足不同用途的成膜物。一般来说，要考虑以下几方的问题。

（1）最终所获得的涂膜的物理化学性能。包括：光学性能，涂膜颜色、透明性等；化学性能，耐水、耐酸碱、耐油、耐化学品、耐溶剂性能等；力学性能，附着力、硬度、柔韧性和冲击强度等；耐老化性能，户外耐久性、保光保色性等；通常以在室温下储存一年后，用少于 10％的稀释剂稀释，能否使各项原始性能指标保持不变为评价依据的储存稳定性。

（2）涂膜的干燥方式、干燥条件和干燥时间。即施工以后，需要采用哪种方式干燥，需要什么环境、多少温度、多长时间等。

（3）涂料中成膜物（或固体分）的种类以及其含量。这是进行配方计算和添加其他组分的依据。

（4）选择哪些种类的溶剂（或挥发物）及其含量。这是色漆生产过程中补加溶剂及其数量的依据。

（5）成膜物在所选择溶剂中的溶解性。如果配方中有两种以上的成膜物，还要考虑各种成膜物之间的互溶性。这将决定涂料的稳定性和成膜性能。一般情况是根据成膜物去选择溶剂，如果溶剂选择得好（保证成膜物在溶剂中溶解良好），将使各成膜物之间以及成膜物在溶剂中（特别是施工成膜的最后阶段）都处于良好的溶解状态，才有可能获得满意的涂膜，否则，将会产生许多漆膜弊病，例如，光泽低、漆膜丰满度不良、表面泛乳光等。

（6）漆料的表面张力（即漆料对颜料的湿润性能）。这将影响生产效率，也决定着在色漆生产过程中添加什么分散助剂、采用哪种研磨分散方式进行生产。

（7）成膜物（合成树脂）的分子结构（也就是其分子中含有哪些活性官能团、数量多少）。在实际生产中，常以酸值、羟基值等表示。一般情况下，酸值较高，漆料对颜料的湿润性就好，生产中易于研磨分散，涂膜对基材的附着力也好。但是，如果酸值太高，会使漆液的储存稳定性降低，而且某些有机颜料的使用将受到限制。

（8）成膜物的细度、黏度等其他性能参数。色漆的研磨分散是漆浆中的颜料和填料的二次粒子进行解聚的过程，对树脂粒子起不到破碎作用。因此，要求树脂粒子的细度一定要小于所生产色漆细度。另一方面，成膜物的黏度不能太低，否则，将会给色漆配方调整和质量控制带来困难。

二、颜料的选择与用量

只有颜料能赋予涂膜颜色，所以颜料是色漆配方中必不可少的组分。但是，在色漆中使用颜料，不仅使涂膜具有色彩、被涂的基材表面被遮盖、涂膜实现其装饰作用和提高其保护作用，更重要的是，颜料能够改善色漆（漆液）和涂膜的物理化学性能。例如，能提高涂膜对底材的附着力、使涂膜的强度增大、涂膜的光泽度降低，还可改变漆液的流变性等。除此之外，颜料的加入还可防止紫外线穿透涂膜，使涂膜的耐候性增强。对于某些特种颜料，还能使色漆涂膜具有某些特殊功能。例如，如果在有机硅树脂漆中加入金属铝粉颜料，在高温条件下，尽管有机部分已经被破坏，但因铝和硅结合空气中的氧，形成了 Si—O—Al 键，所以对底材仍然具有保护作用。又如在桥梁专用漆中加入云母氧化铁，因云母成片状，在漆膜中会形成层层叠加的结构，把底材严密地覆盖起来，从而阻止了二氧化硫气体、水蒸气等气态有害物质对底材的渗透，同时也减少了紫外线穿透涂膜的机会，从而使漆膜的防腐蚀性和耐老化性能得以明显地提高。因示温涂料中加入了温敏颜料，可以使色漆涂膜在不同温度下显示不同的颜色，从而起到指示被涂物表面温度的作用。因此，成膜物决定色漆涂膜的基本物理化学性能，颜料可改善色漆涂膜的各种物理化学性能。所以，在色漆的配方设计时，颜料的选择以及几种颜料的配合使用、颜料用量（比例）的确定，显得非常重要。下面对颜料的表观性能、颜料的选择方法、确定颜料用量的基本依据以及与此有关的颜料与基料比例确定作简要介绍。

（一）颜料的表观性能

在进行色漆配方设计时，为了实现涂膜的性能，确定了成膜物之后，还需要选择颜料。颜料选择，本质上就是根据不同颜料的特性，例如颜色、遮盖力、对金属基体的保护性和耐光性、（在色漆生产过程中颜料的）研磨分散性等来确定满足涂膜性能要求、生产效率较高的颜料的过程。这就要求颜料在化学结构、表面状态和物理形态等方面的特性都满足要求。具体说，在进行颜料的选择时，必须考虑的问题如下。

1. 颜色

之所以制造色漆，目的是通过色漆漆膜赋予被涂物表面某种色彩。在色漆生产过程中，理想的漆料是无色透明的，涂膜显示不同的颜色，完全由添加颜料来实现。所以，颜料的颜色直接决定色漆涂膜的颜色，而颜色（特别是面漆颜色）对被涂物的装饰性显得至关重要，因为决定了物体涂装后所显示的颜色是否被人们所接受，从某种程度上说，也就是决定了产品的生存、市场竞争能力。

颜料显示某种颜色的特性属于光学的研究领域。本质是当颜料受到可见光照射后，其表面会对入射光进行选择性的吸收，同时反射一部分，当反射的部分刺激眼睛视网膜后，视觉神经产生冲动，再传递给大脑，就产生了颜色的感觉。所以，颜料表面反射的可见光谱成分决定了颜料的颜色。值得一提的是，虽然颜料的显色属于光学领域，但颜料混合的显色原理和色光混合的显色原理是不同的，前者是减色混合，后者是加色混合。所以，如何选用不同颜色的颜料来进行混合，最终得到能生成用户满意的涂膜颜色的色漆，就显得比较困难。例如，用氧化铁红加炭黑可调配出紫棕色，但是，必须使用带有紫色相的氧化铁红颜料才行，如果使用的是带黄色相的氧化铁红，就配制不出标准的紫棕色；又如，汽车常用的天蓝色是使用带有红色相的酞菁蓝颜料调配出来的，同样是酞菁蓝，如果使用的是带有绿色相的酞菁蓝，就无法调配出天蓝色。所以，在色漆配方设计时，颜料颜色的选择显得非常重要。

2. 遮盖力

颜料的遮盖力，就是指在一种物体表面上涂覆色漆后，涂膜中的颜料能够将被涂覆的表面遮盖起来，使其不能显露原色的能力。生产中常用遮盖 $1m^2$ 面积所需要的颜料质量（g）来表示，即 g/m^2。所选用的颜料遮盖力越强，在色漆中的相对用量就越少，配方设计时，对色漆的综合性能指标的平衡就越方便。例如，某些色漆既要达到一定的遮盖力，又要保证涂膜具有一定的光泽度。考虑成本因素时，对于价格较贵的颜料，必须考虑单位价格某种颜料的遮盖力。

颜料的遮盖力，属于颜料的光学性质。其光学本质是指颜料和其周围介质的折射率之差。当颜料的折射率小于或等于周围介质的折射率时，颜料就显得没有遮盖力；当颜料的折射率大于周围介质的折射率时，才具有遮盖力，而且它们折射率的差值越大，遮盖力越强。例如，涂料用合成树脂（成膜物）的折射率一般为 1.55 左右，如果选用碳酸钙（折射率为 1.58）、二氧化硅（折射率为 1.55）作颜料，就没有遮盖力；如果选用立德粉（折射率为 1.84）或金红石型钛白粉（折射率为 2.76）就会显出遮盖力，而且，金红石型钛白粉的遮盖力要比立德粉强。可以推知，虽然碳酸钙在溶剂型基料中显得没有遮盖力，但是，如果在水性乳液树脂（折射率相对低）中加入碳酸钙，就会显出一定的遮盖力。

3. 着色力和消色力

着色力是颜料的重要特性指标。当某一种颜料和另一种颜料混合时，把这种颜料在混合色中显现其自身颜色的能力，称为着色力，颜料的着色力也叫做着色强度。通常情况下，以白色颜料为基准，来度量彩色颜料和黑色颜料（对白色颜料）的着色力。颜料的着色力的检测，须按标准的检测方法，把检测结果与其自身标准样品的着色力相比较即得，用百分数来表示。

为了区别白色颜料和彩色颜料的着色力，把着色颜料的着色能力称为着色力，把白色颜料的着色能力称为消色力。也就是说，对白色颜料而言，把它与一种深色颜料混合后，混合物的颜色越浅，表示它的消色力越强。也可以把消色力看成是白色颜料抵消其他颜料颜色的能力。

测定消色力常用方法是：将样品（白色颜料，如钛白粉）和另一种作为标准样的样品（钛白粉）分别与展色剂（如炭黑）混合后，再用亚麻仁油研磨，然后比较样品与标准样品的颜色深浅。样品达到标准样品的百分率就是这种白色颜料的消色力。

决定颜料的着色力（消色力）的因素是颜料的化学结构，但颜料粒子的粒径大小、色漆生产时对颜料的研磨分散程度是影响颜料着色力（消色力）的重要因素。颜料的研磨分散程度越高，着色力也相对较高。所以，要比较两种颜料的着色力（或消色力）大小，一定要保证在同等研磨分散程度的条件下；反过来，可以通过测定（目测）在同一研磨分散程度（例如，用相同的设备分散相同的时间）下颜料的着色力（或消色力），来评价这种颜料分散性能好坏，实际生产中，这种方法比用测量漆浆细度的方法还精确；在色漆生产过程中，对于价格昂贵的颜料，应使用精细的研磨分散设备，使漆浆的分散程度尽量高，使颜料充分显示着色力，这样可节省颜料的用量，产品成本也就随之降低。

4. 吸油量

颜料的吸液能力用吸油量来表征。测定吸油量时，常常以 100g 颜料为基准，按规定的测试方法操作，把颜料达到吸油终点时所吸收精制亚麻油的质量（克数）称为这种颜料的吸油量。它是指所用颜料被全部湿润时所用精制亚麻油的最少数量（质量）。在色漆配方设计时，所采用颜料的吸油量是计算颜基比的重要参数。

5. 湿润性和分散性

在选择颜料时，其润湿性指标显得非常重要。在色漆生产过程中，漆液对颜料的湿润性决定于它们的表面张力，表现出来的是漆液和颜料的亲和性。颜料的分散性是指通过某一分散过程后颜料粒子在漆料中分布的均匀程度。在色漆配方设计时，如果选择的颜料湿润性好，在生产过程中就可缩短研磨漆浆所用的分散时间，从而降低单位产品能耗，提高生产效率；另一方面，如果颜料的分散好，因在相同分散时间内分散效果较好，从而改善漆液的储存稳定性，也可改善漆液的涂装性能，最终获得较好的漆膜。

6. 密度

颜料密度是指单位体积颜料的质量，在国际单位制中，单位是千克/米^3（kg/m^3），实际生产时常用克/厘米^3（g/cm^3）作单位。颜料常呈松散的粉状，颗粒之间间隙较大，所以论及密度时常指其堆积密度。如果选用密度大的颜料，要防止颜料沉降速度太快、结块。

7. 耐光性和耐候性（保光保色性）

颜料的保光保色性决定了它能否用于室外涂料。颜料的耐光性主要是针对紫外光而言的，是指颜料耐受紫外光破坏的能力。耐候性主要是指颜料耐受气候环境的能力，包括风吹、日晒、水汽、酸雨和环境中的其他有害物质的侵蚀。如果因颜料的保光保色性差导致涂膜颜色变化，一般都是由颜料的化学结构发生了变化（在一定的条件下发生了化学反应）引起的。这种变化不单是表现为褪色（有机颜料）、颜色变暗（无机颜料），常常还伴随着由颜料化学成分改变导致的涂膜的老化甚至彻底失去装饰和保护功能等严重后果，例如，涂膜的粉化、开裂、起皮等。颜料的耐光性指标测定，是按照标准方法操作，获得涂膜，再把涂膜放在太阳或人造光源（如紫外老化仪）下照射测定的。颜料耐光性的优劣分为 8 个等级，其中 8 级最优，1 级最差。户外用色漆配方设计时，颜料的耐候性是一个非常重要的指标。

8. 耐热性

颜料的耐热性是指色漆涂装后，湿膜在加热固化过程中颜料所能承受的最高温度。在设计烘干型色漆或涂膜所处环境温度较高的色漆配方时，必须考虑颜料耐热性指标。

9. 耐水性

颜料的耐水性是指其能忍耐水侵蚀的能力。如果所选用的颜料耐水性差，会导致色漆涂膜防腐蚀能力差，导致涂膜剥落。导致颜料耐水性差主要原因是颜料分子结构中有亲水基团、水溶性盐含量偏高、颜料粒子被水溶性表面处理剂包覆等。

10. 毒性

许多颜料能赋予涂料美丽的色彩，但是因为其毒性太大，对生产、施工、环境构成严重威胁，同时用户（涂膜的使用者）的健康也因长期处在有毒的环境中受到严重的伤害，人们不得不忍痛割爱，舍去含铅、铬、镉、汞的各种颜料。随着欧盟RoHS标准的推广使用，含铅、铬、汞、镉的涂料会逐渐退出市场。

（二）底漆中颜料的选择及用量

如果把涂膜按涂装程序分成若干层，底漆下连涂装底材，上连中间涂层，在整个涂膜中具有十分重要的作用。底漆对底材必须要有良好的附着力，同时对其上一涂层也必须有很好的结合力，而且要求对底材有满意的遮盖力，具有一定的保护性能，使整个涂膜具有符合使用要求的机械强度。在色漆配方设计时，底漆中颜料的选用，就是从这些方面来考虑的。

底漆显示的颜色并不是涂膜最终表现出来的颜色，配方设计时，应把颜料的颜色鲜艳程度和保光保色性放在极其次要的地位去考虑，而应着重考虑所选用的颜料是否对底材具有屏蔽钝化作用、遮盖力大小和其在漆料中的分散稳定性如何。所以，底漆的颜色显得单调，常用的有黄色、灰色、铁红色，只要它们能和面漆配合，最终获得满意的颜色就可以了。在底漆的实际生产中，常用的着色颜料种类不多，例如，氧化铁红、立德粉、（锐钛型）钛白粉、氧化锌以及含铅氧化锌、铬黄、锌铬黄等。因氧化铁红具有较强的遮盖力，吸油量较低，显中性，而且还能对金属底材形成屏蔽，所以在多种场合都被选用，其用量很大。

1. 头道底漆

底漆中，头道底漆用途最广，用量最大。在头道底漆中，着色颜料使用多少的标准，是使一道涂层能完全遮盖住底材。一般情况下，颜料体积分数（PVC）应小于20%；对于非着色颜料，例如滑石粉、碳酸钙、沉淀硫酸钡、金属铝粉、氧化铬绿、氧化锌、铅铬黄、磷酸锌等，在涂膜中的作用是增加硬度、降低产品成本，有的也具有保护功能。具体说，因滑石粉在生产过程中会呈特有的颗粒形状（针状和纤维状结构），这就能增加底漆对底材的附着力和涂膜的耐冲击性、抗弯曲性；沉淀硫酸钡可以提高涂膜的机械强度；重质碳酸钙用作填料（体质颜料），可以降低产品成本，但是使用时应严格控制其含水量和充分考虑其含碱性，以防造成漆液变稠的弊病。在配方设计时，头道底漆中总的颜料体积浓度（着色颜料与非着色颜料之和）应控制在 $40\%\sim50\%$。

2. 腻子

腻子成品呈膏状，其最大的特点是配方组分中颜料所占比例大（使用大量的颜料和填料）。成膜物的作用仅仅是把各种不挥发组分黏结成一体并牢固地附着在底材上。腻子常用的施工方法是刮涂（批刮、嵌刮），常常叫做刮腻子，目的是获得较厚（较厚的可达 $500\mu m$，常见的为 $20\sim60\mu m$）的涂膜，从而使底材平整。所以，在设计腻子的配方时，必须考虑腻子层中的溶剂是否易于穿透较厚涂层挥发掉，而体质颜料（填料）的性质直接影响腻子层中溶剂的挥发速度，所以填料的选用就显得十分重要。对自干型腻子，必须使空气能够穿透涂膜进入腻子层底部，才能使腻子层干透。为了达到这一目的，腻子中使用的填料往往是粒度较粗（常用的是 200 目）的重质碳酸钙、滑石粉等。因为粉体状的滑石粉或重质碳酸钙形状并不规则，有的呈球状、有的呈棒状，所以刮腻子时，随着刮刀的移动，这些不规则颗粒就垒在一起，在腻子层中就形成了多孔状的结构，这就为底层腻子中的溶剂提供了挥发通道，空气也可通过这些通道进入腻子底部，腻子层就能干透。所以，在腻子生产过程中，不能使用粒度较细填料（如 325 目），否则，将造成腻子不易干透的质量问题，而且成本也会较高。在腻子中使用重质碳酸钙，也加入少量的轻质碳酸钙，目的是增大腻子涂膜硬度，涂装过程中易于打磨平整；其中的着色颜料主要是使腻子层具有足够的遮盖力，也呈现所需要的颜色，腻子中常用的着色颜料有钛白粉、氧化铁红、炭黑等，炭黑的作用是降低涂层颜色的明度，在灰色和铁红色腻子中常用。

3. 防锈漆

防锈漆是头道底漆中的一种，其最大的特点是防锈性能优越。所谓防锈性能，是指防止自然环境中的水汽、酸雾等对钢铁等金属腐蚀的能力，也包括防止大气对有色金属腐蚀、钢铁在水中以及地下被腐蚀的能力。

在防锈漆配方设计时，首先应该选用耐水性好、离子透过性小的成膜物，但是仅靠成膜物的这些特点涂膜是难以获得良好的防锈性能的。实际上耐水性好的成膜物，往往附着力差；离子透过性小的成膜物，又易于老化。所以，到底选择哪种成膜物质，要结合多方面的影响因素进行综合考虑。但可以肯定的是，防锈漆的防锈性能，除了选用合适的成膜物质外，很大程度上是依靠防锈颜料来实现的。

按照防锈机理不同，防锈颜料分为物理防锈颜料和化学防锈颜料。物理防锈主要是指通过颜料粒子对底材屏蔽作用实现防锈；化学防锈是指通过颜料的缓蚀作用、阴极保护作用实现防锈。涂料生产中常用的物理防锈颜料有云母氧化铁、铝粉、氧化铁红、氧化铁黄等，化学防锈颜料可分为铅系颜料、锌系颜料、铬酸盐颜料、磷酸盐颜料几类，下面分别对它们作简要介绍。

（1）铅系颜料。主要品种有铅酸钙、红丹、氰氢化铅等。虽然它们的防锈性能优良，但是因为铅（属于重金属）的毒性很大，欧盟的 RoHS 标准明令禁止铅的使用，已经逐渐退出市场。

（2）锌系颜料。主要品种有氧化锌、锌粉、含铅氧化锌等。氧化锌不具有防锈能力，但是当它与别的防锈颜料一起使用时，能和酸性物质发生中和反应生成锌皂，从而使体系的 pH 值增大，减缓了酸性物质对金属的腐蚀，同时还能增大涂膜的硬度，其用量一般是占总颜料的 5%～15%。锌粉的防锈能力主要是通过阴极保护作用来实现的，在此过程中，在锌粉作为阳极（牺牲阳极保护阴极）逐渐被耗掉的同时，反应生成了碱式碳酸锌，成粉末状，残留在涂膜中，填补了涂膜中的颜料形成的孔隙，使涂膜的致密性增加，也对金属表面起到了屏蔽保护作用。目前，用锌粉生产的富锌底漆有正硅酸乙酯富锌底漆、环氧富锌底漆、无机富锌底漆等。在水性无机富锌底漆中锌粉含量高达 75%，环氧富锌底漆中锌粉含量达到 90% 以上。

（3）铬酸盐颜料。铬酸盐颜料品种多，用途广，主要品种有铬酸锶、铬酸锶钙、铬酸钙、铬酸钡、四碱式锌铬黄、锌铬黄、碱式硅铬酸铅等。既用于防锈漆，也用于保养底漆；既适用于钢铁，也适用于有色金属。

（4）磷酸盐颜料。主要品种有三聚磷酸铝和磷酸锌。当采用磷酸锌单独作为防锈颜料时，需要 PVC 很大，而且防锈效果好。实际使用时常与氧化锌、四碱式锌黄、铬酸锶搭配使用，其用量占总颜料的 20%～30%。三聚磷酸铝防锈能力较强，无毒，常用于集装箱的防锈，而且用量少，可降低产品成本。

防锈漆中的填料常用碳酸钙、滑石粉、重晶石粉、硫酸钡等。使用碳酸钙可以减少涂膜起泡、开裂，提高附着力，增强防霉性能；滑石粉可使漆膜的附着力、机械强度增强，还能改变涂料的流变性，从而改善涂料的施工性能和和储存稳定性；重晶石和硫酸钡化学性质稳定，可以增强涂膜硬度和致密性，但是它们的密度大，影响涂料的储存稳定性。在实际生产中选用填料时，要权衡填料的性能、价格等诸多因素，一般不采用单一品种，而是用多品种填料搭配使用。在进行防锈漆配方设计时，防锈颜料（起缓蚀作用）的用量常常不少于颜料总量（防锈颜料与填料的总和）的 40%，如果对防锈性能有特殊要求，用量可达颜料总量的 70%，填料一般占 30% 左右。

4. 中涂漆

中涂漆又叫做二道底漆，其配方组分中颜料的比例大于头道底漆，小于腻子。中途漆中选用着色颜料的原则是颜色比较适合面漆，而且对底层的具有较好的遮盖力，目的是使面漆即使在颜料体积浓度（PVC）较低的情况下，也能显示出良好的遮盖力。中涂漆中的填料（体质颜料）常用滑石粉、轻质碳酸钙等。一般情况下，中涂漆的颜料体积浓度（着色颜料和体质颜料的总和）是 40%～60%。

5. 封闭漆

封闭漆的作用是其涂膜对底材或其下面涂层进行封闭、隔离，防止底材分泌物或下涂层中有害成分的渗出，造成整个涂层的损坏。例如木材经处理后，常用虫胶清漆来对油脂渗出处进行封闭，防止油脂的再次渗出。为了防止木材中渗出的单宁造成色漆涂膜颜色不均匀（深浅不一），常用骨胶溶液来实施隔离。封闭漆的特点是黏度低，对底材或下涂层的渗透力强，封闭作用明显。用于封闭底材的封闭漆称为封闭底漆，其配方组成中颜料（着色颜料与体质颜料）比例少，颜料体积浓度低，流动性好，渗透力强，而且成膜后还能保持一定的固体体积。用于封闭中间涂层的封闭漆，一般不用颜料，即使要用，也是使用极少量着色颜料或超细粒度的体质颜料，只要能使其涂膜不透明度（或透明度很低）便于面漆涂膜显色即可。

（三）面漆中颜料的选择及用量

一般来说，颜色鲜艳、性能良好的涂膜，是经过多道涂装工序才得到的。在各道涂装工序中，所选用的涂料种类是不同的。面漆一般最后施工，在整个涂膜中，面漆漆膜是最外一层，直接给予人直观感觉。所以，面漆漆膜必须具备遮盖力强、颜色鲜艳、光泽度适当、保光保色性好等特点，如果是户外用面漆，还要求耐候性好。

面漆涂膜的性能主要决定于成膜物质的性质，但是，其中的颜料也对涂膜性能产生重大影响。按漆膜光泽度来划分，面漆常分为无光磁漆、半光磁漆、有光磁漆，依次顺序，面漆配方中着色颜料的比例逐渐减小。

用于有光磁漆的颜料，要求颜色鲜艳，而且所选用的颜料（组合）能调配出客户指定的颜色。对于天然树脂漆、油脂漆、酚醛树脂面漆，可使用少量填料（如滑石粉、沉淀硫酸钡等）；对于合成树脂涂料，一般不使用填料。

对于半光和无光漆，要求光泽度低，一般采用增加填料用量或添加消光剂的方法来实现，有时这两种方法并用。如果采用增加填料用量的方法来消光，因填料价格低，经济上较为合算。常用来消光的填料有轻质碳酸钙、滑石粉、碳酸镁、沉淀硫酸钡、沉淀二氧化硅、气相沉积二氧化硅、硅藻土等。采用增加填料用量来降低面漆的光泽度，要考虑填料的加入量和光泽度的关系，一般是随着填料用量比例的增大，光泽都会逐渐减小，但是这种关系因面漆中成膜物的不同而不同，也因所选用的填料种类不同有差异，所以，具体需要添加多少填料才能满足要求，必须经过实验来确定。实验也不是盲目的，只要在实际工作中善于总结、提炼，就能获得一些有用的经验。如果采用添加消光剂的办法，可获得质感细腻的涂膜，常用的消光剂是聚乙烯蜡、二氧化硅气溶胶（必须经过表面处理）等。两种方法各有优点，应根据用户实际需求来定。

对于用作特殊用途的面漆，如隐身、阻尼、示温用途等，除了成膜物性质要满足特殊用途外，颜料、填料的选择要根据具体用途来确定，这里不一一叙述。

（四）颜料体积浓度和颜基比

1. 颜料体积浓度和临界颜料体积浓度的概念及应用

（1）颜料体积浓度。在色漆配方设计时，只要成膜物、颜料、填料的种类确定，涂膜的性能也就基本确定了。但是要使涂膜性能达到最佳状态，必须使颜料和基料的相对用量、颜料在整个涂料组成中所占的比例合适，因为这两个参数直接影响涂膜的性能。在色漆生产过程中，常把颜料（着色颜料和体质颜料的总和）在色漆干涂膜中所占的体积分数定义为颜料体积分数。换句话说就是颜料（着色颜料＋体质颜料，体质颜料即填料）占成膜物、着色颜料与体质颜料（填料）三者总和的体积分数，常用 PVC（pigment volume concentration）表示。于是，PVC 的定义式为：

$$PVC = \frac{(着色颜料+填料)体积}{色漆干涂膜体积} \times 100\% \qquad (7\text{-}1)$$

也可以写成：

$$PVC = \frac{(着色颜料+填料)体积}{成膜物体积+(着色颜料+填料)体积} \times 100\% \qquad (7\text{-}2)$$

例如，表 7-2 所示的某醇酸调和磁漆配方中，颜料体积分数 PVC 为：

$$PVC = \frac{(着色颜料+填料)体积}{成膜物体积+(着色颜料+填料)体积} \times 100\%$$

$$= \frac{60.5+21}{380+60.5+21} \times 100\%$$

$$= 17.7\%$$

人类进行色漆生产已经有相当长的历史，但是人们在配方设计时，总是习惯于用质量来计量，而且各种成分所占的比例也用质量分数来表示。这样做本不会有什么问题，但是在总结经验时，就难以找到各种性能与各种成分所占比例之间的有规律的对应关系。例如，人们经过了大量的实验，也没有找到油性建筑漆中颜料质量分数对其涂膜户外耐久性的影响的有规律的对应关系。后来美国北达科他州（North Dakota）大学再次对这个问题进行研究时，不用颜料的质量分数，而改用颜料的体积分数去找对应关系，结果发现当颜料体积分数在 31%～37%之间时，涂膜的户外耐久性最好，进而找到了颜料百分比与涂膜耐久性之间的对应关系。自此引起了人们对颜料体积分数的重视，在色漆的配方设计中，都获得了此参数与涂膜相关性能的对应关系。所以，人们在设计配方时，总是以颜料体积分数（后来演变为颜料体积浓度）来确定颜料的相对用量。

表 7-2 某醇酸调和磁漆配方

原料名称	固体分数	质量/kg	固体密度/(g/cm³)	固体体积①/L
醇酸调和漆料	47.8%	700	0.88	380
钛白粉	A 型	250	4.20	60.5
群青	—	0.8	—	—
轻质碳酸钙	—	60	2.71	21

① 固体体积就是指成膜物质体积(或基料体积)＝(总质量×固体分)/密度＝(700×0.478)/0.88＝380(L)。

（2）临界颜料体积浓度。成膜物是使涂料能形成连续涂膜的唯一物质，是连续相，而色漆中的颜料是以颗粒状分散在涂料中的，是不连续相。所以，如果干漆膜中的颜料体积比（颜料体积浓度）越大，漆膜中颜料累积时形成的孔隙率就越大，如图 7-1 所示。

　　　　　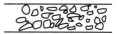

(a) PVC低的情况　　　　　　　　(b) PVC高的情况

图 7-1　不同 PVC 的漆膜剖面

当 PVC 低时，颜料颗粒之间充满了连续相，漆膜显得非常致密；当 PVC 高时，可能会导致连续相不能完全包覆颜料颗粒，颜料颗粒累积时形成了很多小孔，这就造成了涂膜的致密度降低。涂膜因颜料体积浓度增大而引起的致密度变化直接影响涂膜的某些性能，例如光泽度、渗透性、起泡性以及防锈性能等。在颜料体积浓度由小变大的过程中，这些性能跟着变化，不过它们的变化曲线有一个拐点，拐点表示相应的性能在此处发生突变，这是因为拐点处所对应的颜料体积浓度，是连续相能否包覆颜料颗粒的临界点，如果颜料体积浓度再增大，连续相就不能包覆颜料粒子，涂膜也就不能保持连续状态。所以，把性能发生突变时对应的颜料体积浓度称为这种性能对应的临界颜料体积浓度，用 CPVC 表示，如图 7-2 所示。

在进行色漆配方设计时，为了使涂膜的某些性能处于最佳状态，必须考虑这些性能对应的临界颜料体积浓度。

值得注意的是，颜料的吸油量是由颜料本身的分子结构决定的，但其吸油量大小，直接影响在一定基料的涂料体系中，颜料是否被基料所包覆。吸油量越大，颜料颗粒裸露在基料外的可能性就大，也就是这种颜料的临界体积浓度就越小。由此可见，所选用的颜料种类不同，颜料临界体积浓度也不同，而且，如果选用多种颜料搭配使用，混合颜料的 CPVC 也不是各种颜料临界体积浓度的简单相加。人们通过长期的实践，已经总结出了颜料临界体积浓度与其吸油量之间的关系。

$$CPVC = \frac{1}{1 + \dfrac{OA \cdot \rho}{93.5}} \times 100\% \tag{7-3}$$

式中，OA 是颜料的吸油量，g/100g 精制亚麻油；ρ 是颜料的密度，g/cm³；93.5 是精制亚麻油的密度×100，g/cm³。

例如，测得颜料氧化锌的密度为 5.6g/m³，吸油量值为 19，其临界体积浓度为

$$CPVC = \frac{1}{1 + \dfrac{OA \cdot \rho}{93.5}} \times 100\%$$

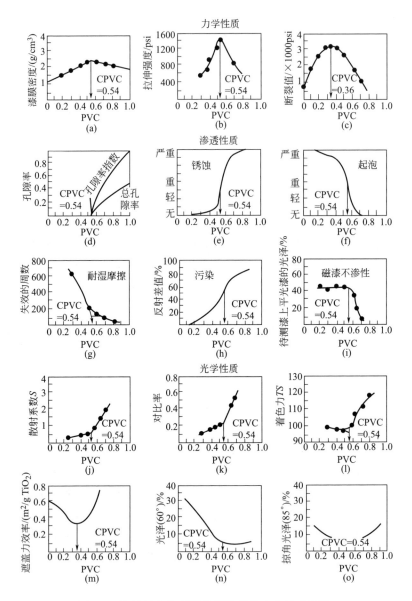

图 7-2 涂膜性能与颜料体积浓度的变化关系曲线

1psi＝6894.76Pa

$$CPVC = \cfrac{1}{1+\cfrac{19 \times 5.6}{93.5}} \times 100\% = 46.87\%$$

（3）颜料体积浓度的应用。进行色漆配方设计时，先选定颜料种类，再确定其用量。通过前面的讨论可知，色漆中颜料的体积浓度要根据涂膜所需求的性能所对应的临界体积浓度来定，否则难以获得性能满意的涂膜。例如，要获得耐久性好的面漆，因为 PVC 较低时涂膜较致密，能防止有害物质的渗入，所以常采用较低的颜料体积浓度（一般为 $15\%\sim20\%$）；如果要生产光泽度较低的半光、无光磁漆，可以适当增加颜料的体积浓度。值得一提的是，人们希望得到的涂膜，在突出某一方面性能的同时，别的性能也不能差，所以在实际确定 PVC 时，应考虑多种性能对应的颜料临界体积浓度。对于防锈漆，应该是颜料体积浓度低于 CPVC，那么，到底选择多大为好呢？人们在长期的生产实践中，总结出了一些经验值，这里把它们列出来（见表 7-3），供读者参考。

表 7-3　工业漆常采用的 PVC/CPVC 值

工业漆种类	PVC/CPVC 值	工业漆种类	PVC/CPVC 值
一般工业漆	0.80～0.90	防锈底漆	0.33～0.35
普通防锈漆	0.70～0.80	保养底漆	0.75～0.90
铅系颜料防锈漆	0.35～0.40	二道底漆①	1.05～1.15
鳞片状颜料防锈漆	0.12～0.25		

① 二道底漆中的颜料体积浓度较大，目的是使其涂膜呈多孔状，便于第一道面漆的渗入，从而增强各层涂膜之间的结合力。

2. 颜基比

在色漆配方设计时，虽然用颜料体积浓度能准确地确定使涂膜性能处于较佳状态的颜料用量，但不直观，而且计算较麻烦。而用颜料与基料的质量比虽然不能与涂膜性能建立有规律的对应关系，但直观且计算简单。所以在实际生产中，常常把两种方法结合起来应用：先根据颜料体积浓度参数（PVC 和 CPVC）确定颜料的用量，再把配方用质量比的形式表示出来。人们常把颜料与基料的质量比简称为颜基比，就是指配方中颜料（着色颜料＋填料）的质量与基料（成膜物）的质量之比。即

$$颜基比=\frac{（着色颜料＋填料）的质量}{基料的质量} \tag{7-4}$$

例如，表 7-2 所表示的某醇酸调合磁漆配方中：

$$颜基比=\frac{（着色颜料＋填料）的质量}{基料的质量}=\frac{250+0.8+60}{700\times0.478}=0.93$$

该配方的颜基比为 0.93∶1。

不同种类、不同用途的色漆，采用的颜基比不同。经验表明，面漆的颜基比大约是 $(0.25\sim0.9)∶1$；底漆的颜基比大约是 $(2.0\sim4.0)∶1$。

第三节　色漆的调配

在日常生活中，人们看到的物体颜色各异，五彩纷呈。正是因为有了色彩的点

缀，才使人们的世界显得五彩缤纷，生机盎然，同时也给人类的生产和生活带来了许多方便。随着涂料产品种类的增多，在很大程度上通过色彩来实现的涂膜的装饰和标志作用，使得人们的生活更加丰富多彩。色漆产品中，面漆的颜色是色漆产品的一项重要指标。在彩色漆的生产过程中，能否准确而快速地配制出所需要的颜色（客户指定的目标颜色），关系到企业的生存能力。因此，色漆生产中，调色技术显得十分重要。

在第一章中述及，消色之间只有明度的差别，而彩色之间则有色调、明度和饱和度的差异。只有当两种颜色的色调、明度和饱和度都分别相同，才能说这是两种完全相同的颜色。如果这两种颜色的三属性中的任何一个不同，则这两种颜色就是不同的。在色度学上，把两种颜色调节到视觉上相同或等同的方法叫做颜色匹配。对于涂料工业，这个过程就是彩色漆的配制，简称调色。

色光的配色与涂料配色不同，是色光的直接相加，是加色混合。用红色、黄色、蓝色三种原色光叠加，通过调整各色光的比例，就能调配制千差万别的色光。表面色（涂料、染料的表面颜色）的配色是减色混合，本质上是通过调整青色、品红和黄色颜料（或染料）的比例来获得各种颜色。所以，品红、黄色、青色三种颜色是涂料、染料等表面色显色三原色。

一、配色的三原则

判断两种颜色相同的依据是两种颜色的色调、明度、饱和度三者都分别相同。只要它们的三个属性中其中一个不同，这两种颜色就不相同。正因为如此，可以通过改变颜色三个属性中的任何一个的方法，来获得一种新的颜色。

（1）在孟塞尔色相环中，两种相邻主色调颜色混合，获得中间色（调色相）。用红色、黄色、蓝色三种颜色按一定比例混合，就可获得多种（理论上是无限多种，但人眼的辨别能力有限，实际上是有限的）中间色。把中间色再与中间色混合，或中间色与红色、黄色、蓝色中的一种混合，又可得到另一种颜色（复色）。例如，在甲苯胺红中加入铬黄就得到橙红色；在铬黄加入铁蓝得绿色；在铬黄加入铁蓝得茶青色（黄色加蓝色得绿色，绿色再加蓝色的青色）等。这种由两种颜色混合获得中间色的方法，本质是通过改变颜色的色调来实现的（自然明度及饱和度也会相应改变）。

（2）在颜色中加入白色颜料，原色饱和度降低（调饱和度）。在已有颜色的基础上，如果在一种颜色中加入白色颜料，会把原来的颜色冲淡，本质上是混合色的反射光中白光成分比原色反射的白光成分要多。通过这种方法可以调整颜色的饱和度（即调色时习惯上所说的调整深浅）。例如，表7-4中的牙黄色、乳黄色和珍珠白色三种颜色，就是以中铬黄为基础，加入不同比例的钛白粉（比例逐渐增大），将中铬黄冲淡所得到的新颜色。

表 7-4 常见色漆颜料配比参考表

颜色	颜料(质量分数)/%							
	钛白粉	铁蓝	中铬黄	软质炭黑	浅铬黄	中铬绿	铁红	甲苯胺红
樱红			77.12					22.88
红色								100.0
浅肉红	95.40		4.37				100.0	
铁红							100.0	
蔷薇红	92.35		6.09					1.55
浅猩红	47.03		38.63					14.34
浅黄					100.0			
黄色			100.0					
浅杏红	72.72		26.27					1.01
橘黄			94.44					5.56
浅稻黄			79.65				20.35	
珍珠白	98.10		1.09					
奶油白	93.77		5.88				0.35	
牙黄	86.32		13.68					
乳黄	92.09		7.91					
米黄	80.02		18.58				1.39	
中驼	39.42		41.31	0.73			18.54	
稻黄			81.18				18.82	
浅棕			58.32				41.68	
黄棕			45.16	1.51			53.33	
棕黄			41.93	2.69			55.39	
酱色			45.49	1.72			52.79	
紫酱色			35.49	3.12			61.39	
棕色			9.76	1.48			88.76	
紫棕				2.31			97.69	
栗皮			9.06	6.30			84.65	
浅驼	66.88		18.70	0.50			13.93	
浅灰驼	67.68		13.60	10.40			8.32	
深驼	25.73		37.62	1.94			34.72	
珍珠灰	95.36		1.34	0.49			2.81	
淡紫丁香	92.69		0.87	0.25			6.20	
浅紫丁香	89.41		0.51				10.08	
紫丁香	80.76			1.08			18.16	
丁香灰	90.27		1.01	0.63			8.09	
中灰驼	35.49		31.22	1.79			31.50	
深灰驼	49.25		22.24	1.64			26.88	
中绿		11.34	4.94		83.72			
绿色		15.91	10.57		73.53			
深绿		30.10	16.23		53.66			
墨绿		50.43	35.97				13.60	
车皮绿	5.40	36.31	32.59	6.52			19.18	
军绿		7.41	62.56				30.03	
茶绿		10.11	55.05				34.84	

续表

颜色	颜料(质量分数)/%							
	钛白粉	铁蓝	中铬黄	软质炭黑	浅铬黄	中铬绿	铁红	甲苯胺红
草绿		16.57	44.22	0.76			38.45	
解放绿	10.10	25.48	39.90	4.69			19.83	
保护色	12.46	5.64	51.63	5.79			24.48	
浅翠青	74.59	4.47	4.35		16.59			
深豆青	43.21	6.79			50.00			
鲜绿	52.71	9.53	11.53		26.24			
正青	36.27	8.37	5.13	1.25	50.22			
灰绿	55.38	10.50	32.88					
苹果绿	80.44				12.20	7.36		
湖绿	74.94	1.82			23.23			
深湖绿	53.18	3.84	10.86		32.13			
豆青	69.53	3.32			27.15			
海抱石	94.44	0.71	4.85					
淡灰绿	95.76	0.65	1.26	0.04	2.29			
灰杏绿	78.94		14.65			6.41		
浅湖绿	83.37	1.15	2.31		13.16			
浅翠绿	85.23	1.99			12.78			
果绿	80.82	0.57			18.61		0.78	
浅芽绿	66.37	1.34	29.61		1.90			
芽绿	44.37	4.11	51.52					
豆绿	47.31	5.02	16.46		31.22			
浅绿		6.91	5.73		87.36			
杏黄绿	84.86	0.69	14.45					
杏绿	92.38	1.55	6.07					
灰芽绿	72.08	1.95	25.74	0.23				
中牙绿	47.81	4.84	46.08	1.27				
纺绿	64.67	4.85	29.56	0.92				
浅橄榄绿	85.18	3.29	10.00	1.53				
深橄榄绿	63.69		32.66	3.64				
军黄			53.16	4.11			42.73	
国防绿	21.80		51.39	3.30			23.51	
淡蘑	90.33		5.56	0.24			3.78	
淡驼灰	86.19		6.29	0.37		7.15		
鸥灰	96.51		3.00	0.48				
鸽灰	95.42		3.98	0.60				
浅灰蓝	98.66	0.73		0.61				
浅豆灰	83.05	1.31	14.80	0.84				
豆灰	76.81	2.05	19.69	1.45				
沙灰	77.28		10.18	1.96		10.57		
浅蟹灰	85.41		11.55	3.05				
黄河汽车灰	55.38		31.50	4.20		8.92		
水蓝	93.67	1.67	0.60		4.06			
湖蓝	87.75	2.50	2.26		7.49			

续表

颜色	颜料(质量分数)/%							
	钛白粉	铁蓝	中铬黄	软质炭黑	浅铬黄	中铬绿	铁红	甲苯胺红
青绿	80.29	5.08	7.98		6.65			
翠青	62.33	12.52	10.26		14.89			
深翠青	65.52	13.67	12.64		8.17			
电机灰	93.54	0.73	4.76	0.98				
中水蓝	92.77	2.65	0.84		3.73			
淡水蓝	95.98	2.80	1.22					
浅海蓝	88.42	5.42	3.69		2.46			
浅孔雀蓝	89.28	8.91	1.81					
浅灰蓝	91.60	8.17		0.24				
中灰蓝	94.28	4.96		0.76				
灰蓝	91.40	7.82		0.78				
深灰蓝	85.97	12.22		1.81				
海蓝	60.00	27.94	12.06					
天蓝	96.56	3.44						
浅蓝	90.41	9.59						
中蓝	71.75	28.25						
蓝色	17.78	82.22						
深蓝	15.22	82.39						
灰色	98.63			1.37				
机床灰	91.76	0.51	6.34	1.39				
银灰	95.37	0.75	2.75	1.13				
淡灰	95.52	1.25	2.37	0.87				
中蓝灰	98.02	1.12		0.87				
浅灰	96.89	0.52		2.59				
中灰	91.84	0.74		7.42				
蓝灰	91.54	3.81		4.65				
钢灰	87.71	4.45		7.83				
深灰	88.03	0.97		11.0				
浅豆绿	65.22		13.16	0.34	5.03	16.25		

（3）在颜色中加入黑色颜料，原色的明度降低（调整明度）。在已有颜色的基础上，如果在一种颜色中加入不同比例的黑色颜料，就可以得到明度不同的各种颜色，本质上是使混合色吸收的入射光比原色多，反射光比原色少。这是调色过程中调整颜色明度的方法。例如，在铁红色中加入不同比例的黑色颜料（炭黑），就可得到各种得紫棕色；在白色中加入不同比例的黑色颜料，就可得到各种灰色；在黄色中加入黑色颜料，可得到黑绿色。

在涂料调色过程中，配色三原则既可单独使用，也可组合应用。组合应用时，就是以某一颜色为基础，同时改变其色调和明度、明度和饱和度、色调和饱和度，从而调出千差万别的颜色。例如，以铬黄为基础，加入铁红改变其色调，同时加入不同比例的钛白粉和炭黑，改变其饱和度和明度，就可得到浅驼色、中驼色、浅驼灰、中驼灰和深驼灰等颜色，见表7-4。

二、配色用颜料

涂料生产中常用的颜料，根据其所呈现的颜色，可以分为红色、橙色、黄色、绿色、紫色、蓝色、白色、黑色、金属光泽九种。随着涂料工业的发展，新的有机颜料不断被开发出来，可用于涂料调色的颜料越来越多。在使用这些颜料配制所需要颜色的色漆时，应该注意到，有时同一种颜料的色相也会不同。例如，酞菁蓝有带红色相的，也有带绿色相的。同时，在改变颜色的色相或饱和度时，颜色的明度也会改变。因此，在调色过程中，颜料的选择显得十分重要。在具有色差计、计算机测色仪的企业或部门，应当测量产品配方中规定使用颜料的表色值，例如 L^*、a^*、b^* 值，并做好详细记录，作为选择颜料的依据，必要时需要对颜料进行逐批挑选，才能用于色漆的生产。如果没有色差计、计算机测色仪的企业或部门，就需要留存颜料标样，而且还要安排生产前的试验、打板，否则，难以保证所用颜料和原配方中所使用的颜料相同，再按配方调色，就得不到所要求的颜色的。例如，使用显黄色相的铁红就无法调出颜色纯正的紫棕色来；生产中黄磁漆时，若使用的中铬黄色相偏红，即使加入少量钛白粉把红色调冲淡，从而麻痹视觉，不易辨出，但由于明度较低的红色仍存在于混合色中，当可见光照射到由它制成的涂膜上时，此红色就会多吸收一部分入射光，从而使涂膜颜色显得较暗。

在色漆生产过程中，除了要考虑颜料的颜色特性外，还应注意到颜料的密度、粒度大小、表面张力、相容性、着色力、浮色程度等对色漆调制的影响，否则难以达到预期的配色效果。

三、传统的色漆配制（人工调色）方法

所谓传统的色漆配制方法，就是指目前我国大多数涂料企业广泛应用的用色卡中的某一颜色或标准色样板作为目标色，用人工目测的方法评定所调颜色与目标色之间的色差的色漆配制方法。调色的目的，小批量调色是获得再现目标色的色漆；对于色漆的生产过程，是获得再现目标色色漆的可行配方，或直接调出目标色，保留样液。下面简要介绍色漆调配的一些经验。

由于涂膜的显色是减色混合，比色光的相加成色要复杂得多；而且，调色时所使用的颜料又不是减色混合的三原色；加上即使是同一批颜料，它的色调、明度、饱和度、浮色程度、着色力等指标都不尽相同，因此，对于传统的色漆配制方法，只能经过长期的调色工作，积累、总结出一些经验，用于指导色漆调配，使调色比较准确而且快。

（1）涂料的调色，分为调实色和透明色两种。实色就是目标色是通过对入射光的反射而产生的颜色，调这类颜色时，只要把试配色制成膜后，直接与目标色进行对比就可以了；调配透明色时，因为透明色是由涂膜透过的光线产生的，所以不能

把涂膜制作在不透明的底材上，而应该制作在如透明的无色玻璃表面上，试配色与目标色对比时，应使它们同时透过光线，对比透过光所产生的颜色。

（2）研究目标色。配色前首先应明确要配制的颜色（目标色：标准色卡中的某一颜色、标准颜色样板或者是样漆），研究目标色，确定其色相在色相环中的位置，分析该颜色有哪几种色调组成，哪种是主色调，哪种是副色调，它们大致各占多大比例，再看看有哪些颜色的颜料可选用，它们的色相如何，应选择哪几种颜料才适用。做到心中有数。

（3）制漆浆。采用磨法工艺，把加入颜料的漆浆研磨、搅拌均匀后，制板看浆，选择所需加入的调色色浆的品种，并估计其用量。

（4）制板。一方面，在用标准色板与试配色比较之前，要模仿标准色板的施工方法（特别是底材要一致）制板。例如，如果标准色板是用喷涂方法得到的，那么试配色制板时也应采用喷涂的方法，否则将会导致最终配出的颜色与目标色之间的色差很大。另一方面，制板方法是否规范，直接影响调色的准确性。制板时必须按规定方法进行（刷涂制板或喷涂制板，选择自干或烘干的干燥方式）。刷涂制板时要求涂刷均匀，使漆膜厚度适中。喷涂制板时，压缩空气压力、喷涂距离、喷枪运行方式及运行速度等要严格按规范操作。漆膜干燥时，如选择烘干方式，应把湿膜在室温条件下放置一段时间后，再进入干燥设备烘干。烘干温度、时间一定要严格控制，防止涂膜未干透或者过烘。制板过程中如果漆膜发花，会影响比色，导致色差判断不准确，这时，可先在样漆中加入少量（1%）硅油，混匀后再制板。

（5）加入色浆（颜料浆），调色。边搅拌边慢慢加入色浆。按先调深浅，后调色调的原则，细心调制。实际做法是，先确定目标色的主色调，然后在基料中添加该主色调所对应的颜料浆，使试配色的深浅接近目标色后，再添加别的颜料浆，使色相接近目标色。如果先调色相，当出现色相接近，但深浅不同时，原则上需要重新调色相。例如，在调制草绿色磁漆时，研磨漆浆中的颜料以铬黄浆为主，应加入铁蓝色浆，调成暗绿色。在逐渐加入铁蓝浆的过程中，色调逐渐变深。如果黑色调不够，应补加少量炭黑浆（注意，一方面黑色浆的加入量应尽量少，因为少量的黑色就能使明度下降很多，明度从高调到低很容易，但要从低调到高就很难了；另一方面，因黑色加入铬黄浆中，也会出现黑绿色，导致绿色加深）。如果通过该过程能逐渐出现所需的草绿色，就不用加其他色浆了。如果发现红色调不足，可以加入少量铁红浆，直到获得要求的颜色（草绿色）。在调色操作过程中，如果一开始就调色相，操作过程就变得复杂多了。当然，在修色过程中，要经过调深浅、调色相的多次反复，才能获得满意的试配色。

（6）在修色过程中，如果采用消色修色法（在第五章介绍过），会加快调色速度。

（7）加入色浆，不能贪多。调色色浆细度必须经过检验，合格后才可使用。调色时要注意各种色浆颜色间的相互影响，色浆的每次加入量应少于估计量，特别是在所调颜色已经接近目标色时，要特别注意色浆的加入量（应尽量少），以免颜色过头。

（8）调色时，所加入的色浆种类应尽量少。在保证所调颜色与目标色之间的色差在规定范围内的前提下，应使用尽量少的色浆种类。因为涂料调色的显色原理是减色混合，加入的色浆种类越多（混合色中颜料种类越多），被吸收的入射光就越多，反射光就越少，颜色的明度也就越低，颜色也就显得越晦暗。

（9）应充分搅拌均匀，不能用漆液与目标色对比来确定色差。每次加入色浆以后，必须把调漆罐中的漆浆搅拌均匀，否则，加入的色浆只是集中在某些局部，没有充分发挥其作用，如果用未搅拌均匀的漆料制板，板面各处的颜色将会有很大的色差，任选一点与目标色比对，就会造成误差。另一方面，颜色比对时，因为色卡或标准色板（目标色）本质上是干燥后的涂膜颜色，所以，不能用漆液的颜色与之对比。否则，调色结果将不准确。在湿膜的成膜过程中，因颜料的密度不同，会产生下沉和上浮现象，这对涂膜的颜色影响较大。例如，在用铬黄和铁蓝两种颜料配制中绿磁漆的过程中，所调漆料成膜时，铁蓝颜料会向上浮，从而使涂膜表层偏蓝色调，而铬黄会下沉，使接近底材处的涂膜偏黄色调。所以用所调漆料制板后，一定要使涂膜干透后才能与目标色进行对比色。

（10）先加入助剂，后调色。特别是在调制浅色色漆时，必须先加入催干剂等助剂，再把颜色调整到目标色。否则，把颜色调整到符合要求时，再加入催干剂等助剂，就会破坏已经调好的颜色（如果助剂颜色较深，会加深所调颜色；如果助剂颜色较浅，会冲淡所调颜色）。

（11）色浆（颜料浆）要保证质量稳定。调色用色浆（可能是分批生产或购进的）要求颜料含量一致，细度一致，而且颜色纯正。使用这样的色浆配制出1～2批色漆后，找出规律，后面批次的色漆就能快速、准确地调配出目标色，这可提高调色工作效率，保证产品质量。

（12）标准色板的保养和现场处理。在使用标准色板作为目标色调色时，应把标准色板放置在干燥、通风、不接触化学药品的环境中，以免变色。如果放置的时间较长，颜色会显得灰暗。在使用时，应把标准色板用清水浸湿后，再进行比色。

（13）确认所调颜色时，应保证所调漆料中组分完整。最后一次观察所调出的颜色时，应把漆料和所加其他应加组分补齐，再观察。否则，其他组分加入后会使已经调好的颜色发生变化。

（14）颜色比对时，应保证环境照明条件，多角度、反复对比。用所调的漆料制成的干膜与色卡或标准色板比对颜色时，应上下、左右、平立反复对比，以免人为的视觉因素造成误差。特别是在环境照明较暗时，更应认真、仔细辨别。一般情况下，观察涂膜颜色的时，一定要选择由漫射日光照明的明亮处，并防止由视场周围物体产生的较强反射光的干扰，当然，也可在照明体灯箱中对比，不能在日光

（特别是上午或下午）的直射下进行比较。

总体上说，调色是一个必须认真、仔细的操作过程。色浆要少加多看，不可盲目急躁，急于求成。值得注意的是在调制每一种颜色的第一批次时，要调出令客户满意的样漆；如果同一批色漆批量较大，又不能在一缸料中调配，要分多次调配时，一定要保证各次所调的颜色之间的色差足够小。这对企业获得订单、保证产品质量、提高调色工作效率都有十分重要的意义。

涂料调色技术，不是一朝一夕能够掌握的，需要调色工作者在实际工作中体会、总结、提高。经过长期的训练，就会悟出很多道理，自然就会找到很多技巧。在表 7-4 中，列出了 115 种常见颜色色漆的颜料配比（以颜料的质量分数组成表示），可供调色工作者参考。

四、仪器（计算机）配色

计算机配色在工业自动化倡导下已渐趋普遍并受到重视，现已成为世界各国涂料、油墨、塑料、染整、染料等工业生产的辅助设备，目前国内已有 100 多家企业从国外引进测配色系统，而且引进测配色系统的企业在不断地增加。不久将成为一种潮流，原因是计算机配色系统具有下列特性与功能。

（一）计算机配色的优点

（1）可迅速提供合理的配方，降低成本。提高打样效率，减少不必要的人力浪费，能在极短时间内寻找到最经济、且在不同光源下色差最小的准确配方。一般使用时可降低 10%～30% 的色料成本。而且给出的配方选择性大，同时可以减少颜料的库存量，节约了大量的资金。

（2）可对色变现象进行预测。配色系统可以列出产品在不同光源下颜色的变化程度，预先得知配方颜色的品质，减少对颜色的困扰。

（3）具有精确迅速的修色功能。能在极短的时间内计算出修正配方。

（4）科学化的配方存档管理。将以往所有配过的颜色存入计算机硬盘中，不因人、事、物、地点的改变而改变，可将资料完全保留，当再次接到该颜色订单时，可立刻取出使用。这种现象在企业经常出现。

（5）色料、助剂的检验分析。配色系统还可对色料、助剂进行检验分析，包括涂料行业中对基础漆、色浆、各种助剂的测定等。

（6）可连接其他设备形成网络系统。把测配色系统直接与自动称量系统连接，将称量误差减至最小，如再与小样自动调色机相连，可提高打样的准确性，还可进行在线监测等，这样的网络系统可大大提高产品质量。

（二）计算机配色的三种方式

计算机配色大致分为色号归档检索、反射光谱匹配和三刺激值匹配三种方式。

（1）色号归档检索。就是把以往生产的品种按色度值分类编号，并将色漆配方、工艺条件等汇编成文件后存入计算机内，需要时凭借输入标样的测色结果或直接输入代码而将色差小于某值的所有配方全部输出，具有可避免实样保存时的变褪色问题及检索更全面等优点，但对许多新的色泽往往只能提供近似的配方，遇到此种情况仍需凭经验调整。

（2）反射（透射）光谱匹配。对漆膜最终决定其颜色的仍是反射光谱（实色）或透射光（透明色），因此使产品的反射（透射）光谱能匹配标样的反射（透射）光谱，就是最完善的配色，它又称无条件匹配。这种配色只有在试配色与标样的颜色相同时才能办到，但这在实际生产中却不多。反射（透射）光谱一般采用的是400～700nm 波长范围，每隔 10nm 取一个数据点。

（3）三刺激值匹配。这种方式所得配色结果在反射（透射）光谱上和标样并不相同，但因三刺激值相等，也仍然可以得到等色。由于三刺激值需由一定的照明条件和观察者色觉特点决定，因此所谓的三刺激值相等，事实上是有条件的。反之，如照明条件和观察者两个条件中有一个与达到等色时的前提不符，那么等色即被破坏，从而出现色差，这也正是此种配色方式被称为条件等色配色的由来。计算机配色运算时大多数以 CIE 标准照明条件 D_{65} 和 CIE 标准观察者为基础，所输出的配方是指能在这两个条件下调得与标样相同色泽的配方。但为了把试配色在光源改变后可能出现的色差预测出来，还同时提供 CIE 标准照明条件 A 冷白荧光灯 CWF 或三基色荧光灯 TL-84 等条件下的色差数据，调色工作者可据此衡量每个配方的条件等色程度。

（三）配色理论

1. 配实色

一束光投于不透明漆膜时，除部分表面反射外，还有一部分光线被吸收和散射，光的吸收主要是颜料所致，不同的颜料选择吸收的光谱不同，导致漆膜形成各种颜色。同时颜料数量越多，吸收的光就越多，反射出来的光就越少，可见在颜料浓度和该漆膜反射率之间必存在某种关系。实验发现反射率和浓度的关系比较复杂，不成简单的比例。要通过计算预测某涂膜所需的颜料浓度，最好能在反射率和浓度之间建立一个过渡函数，它既与反射率成简单关系，又与颜料浓度成线性关系。

实际上，这一理论较为复杂。1939 年库贝尔卡（Kubelka）和蒙克（Munk）从完整辐射理论诱导出相对简单的理论。这里不作详细讨论，但是必须知道，物体表面所呈现的颜色与该表面对可光的反射率（ρ）、不透明表面的吸收系数（K）以及不透明表面的散射系数（S）有关。这三个参数之间的关系是

$$\frac{K}{S}=\frac{(1-\rho)^2}{2\rho}$$

(7-5)

2. 透明色

透明色的配色理论更复杂，这里不作介绍。

实际用计算机调（配）色系统配色时，系统配置应具有全套涂料配色软件和基础数据库建立及分析软件。只要（通过测色）把目标色的数据输入，系统就能自动根据基础数据库选择色浆和基础漆，同时给出多个配方供使用者选用。这些配方可按预配色与目标色之间的色差大小来排列，也可以按配方成本来排列，调色者结合实际情况选择一个可行的配方，然后进行调色。使用计算机调色系统调色时，事先要做的、也是必须做的工作是把调色所使用的各种原料（色浆或颜料浆、基础漆或白漆、助剂等）制成厚度相同的干燥涂膜，然后通过分光光度计对这些涂膜测色，也就是把色浆的数据输入计算机并储存起来，这就是基础数据库的建立。一个完整的数据库建立，工作非常繁杂，但是，这项工作是调色的基础。一方面体现在如果系统内没有色浆、基础漆等原料数据可调用，也就是系统根本不认识调色所用的各种原料，就无法出配方。另一方面，系统所出具的配方以及预配色与目标色之间的色差预测，都是以输入系统的调色所用的各种原料的数据为基础进行计算得来的，如果这些数据不能反映原料的本质特征，也就是不能与原料等同，那么调色时就相当于在使用别的原料，用系统出的配方调色，肯定会与目标色相差甚远。所以，建立基础数据库时，每一步操作都要求细心，力求准确。基础数据库建立完成之后，用计算机调色系统调色就显得十分方便了。值得注意的是，所建立的数据库只能代表某一批原料（色浆、基础漆、助剂等），原则上，原料的批次发生改变，就应该重新建立数据库，否则难以保证调色的准确性。另一方面，不要认为用系统出的配方去调色，就一定能调出与目标色色差等于系统预测的色差值的试配色来，实际上，真正调出的试配色与目标色的色差可能还较大，这就需要配方修正。修正配方时，只要把所调出的试配色数据（通过测色）输入系统，系统就会自动出修正配方。一般经过 1～3 次修正，就可获得满意的配方（试配色与目标色的色差小到令人满意的程度）。

如果没有计算机调色系统，使用全自动色差计也可辅助调色。因为全自动色差计没有自动出配方的功能，只能通过测色显示颜色的色度学数据（L^*、a^*、b^* 值或 L^*、C^*、$H°$ 值及色差值 ΔE 等），所以，调色时，只能由人工判断，选择色浆种类及数量进行调色，调出试配色后，就测量试配色与目标色之间的色差及 ΔL^*、Δa^*、Δb^* 等值，再根据 ΔL^*、Δa^*、Δb^* 来判断试配色与目标色之间的颜色偏差方向（例如是偏红、偏绿、偏蓝还是偏黄），根据判断来补加相应的色将进行调色。这种调色方法，本质上是依靠有调色经验的人进行人工调色，只是用全自动色差计辅助判断色差和颜色偏向，进行配方修正，一般要经过 3～5 次修正，才能接近目标色。这种方法，比纯粹的人工调色方法要快捷，而且也要准确得多。

人工调色和计算机调色系统调色，各有优势和不足之处。人眼对颜色的分辨能力往往比测色仪器强，但计算机调色系统调色可快速出配方，而且还能出多种可供选择的配方，这是人工调色不能实现的；人工调色直接，只要仔细观察调色用各种原材料和目标色，就可直接进行调色，而计算机调色系统调色需要先建立基础数据库，且这项工作耗时、耗材，对于只需调小批量（有时就调一种）颜色的情况，人工调色显得更灵活。人工调色，要求眼睛对颜色敏锐，要求调色者经验丰富，而计算机调色系统调色在这方面的要求没有这么高。在实际的调色工作中，如果把计算机调色系统与调色经验结合起来，就可以达到相当完美的境界。所以，不能因眼睛对颜色的敏锐性和调色经验而否认计算机调色系统的先进性及对调色工作的巨大推动作用。同时，也不能全面依靠计算机调色系统而否认调色经验在实际工作中的重要地位。它们各自的优势，在不同的情况下就会显现出来。

五、颜色配色系统

目前涂料行业用于调色的计算机系统有许多种，主要有 Datacolor 系统和 X-Rite 系统，前面在测色仪器一章中已作过介绍，这里不再重复。至于系统如何操作，将在下一章调色操作中作介绍。

习　题

1. 怎样判断基础漆与色浆的相容性？什么叫指研实验？

2. 常用的基础漆应达到哪些性能指标？

3. 什么是水性色浆？如何分类？

4. 调色时选用色浆应注意哪些问题？

5. 颜料在涂料中有哪些用途？

6. 什么叫颜料的遮盖力？怎样表示？颜料遮盖力的光学本质是什么？

7. 什么叫颜料的着色力、消色力？影响颜料着色力的因素有哪些？

8. 在腻子中使用颜料、填料时要注意哪些问题？否则会有哪些危害？

9. 防锈漆的防锈作用是通过哪些方法来实现的？

10. 防锈颜料的防锈机理可分为哪两种？每种机理对应的常用颜料分别有哪些？

11. 什么叫做颜料的体积浓度？它的定义式是什么？

12. 什么叫做颜料的临界体积浓度？怎样计算？有什么实际意义？

13. 传统人工调色过程中有哪些经验可以借鉴？

14. 人工调色和计算机调色各有优势，如果你是某涂料企业的调色人员，而且企业也具备了计算机调色系统，你在哪些情况下采用计算机调色，哪些情况采用人工调色？

第八章
调 色 操 作

实验一　全自动色差计、Datacolor 400 分光光度仪及手动调色机的使用

一、实验目的

（1）了解全自动色差计的结构。

（2）理解全自动色差计的工作原理。

（3）学会使用全自动色差计来测量色卡中样品色在 CIE Lab 颜色空间的 L^*、a^*、b^* 值以及在 CIE 1931-XYZ 表色系统中的 Y 值和色度坐标 x、y。

（4）了解 Datacolor 分光光度仪及手动调色机的结构。

（5）理解 Datacolor 分光光度仪及手动调色机的工作原理。

（6）学会使用 Datacolor 分光光度仪来测量色卡中样品色在 CIE Lab 颜色空间中的 L^*、a^*、b^* 值以及在 CIE 1931-XYZ 表色系统中的 Y 值和色度坐标 x、y；学会手动调色机的操作过程。

二、实验任务

在色卡中选择两种颜色，记录下色号，把一种作为目标色，另一种作为样品色，分别用 SC-80C 全自动色差计和 Datacolor-400 分光光度仪测得两种颜色的各种表色值以及这两种颜色之间的色差，并把不同仪器测得的色差相比较，分析色差不相等的原因；学会手动调色机的操作方法。

三、实验仪器及操作

SC-80C 全自动色差计，Datacolor-400 分光光度仪，弘普手动调色机，千色卡。

（一）SC-80C 全自动色差计

1. 仪器结构图

（1）仪器的正面如图 8-1 和图 8-2 所示。

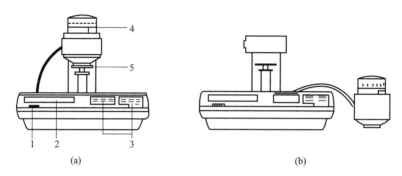

(a)   (b)

图 8-1　仪器正面（一）

1—主机部分；2—液晶显示器；3—操作键盘；

4—光学测试头；5—反射样品测试台

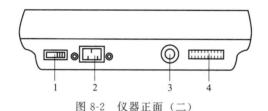

图 8-2　仪器正面（二）

1—电源开关；2—电源线插座；3—保险管；4—打印机及通信接口

（2）操作面板如图 8-3 所示。

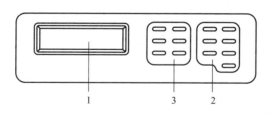

图 8-3　操作面板

1—液晶说明；2—操作按键部分；3—编辑按键部分

（3）编辑部分由六个键组成（图 8-4），其作用是对用户设定的各种参数进行修改和输入新参数。

（4）操作键部分，由七个键组成（图 8-5），其作用是操作仪器进行调零、调白、测量、显示、打印输出结果。

（5）仪器安装。把仪器倾斜放在桌面上，逆时针卸掉包装用顶杆（图 8-6），如果在旋转顶杆时将顶块一起卸下，请在卸掉顶杆后将顶块拧回原位。卸完后，重

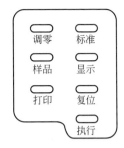

图 8-4 操作面板编辑部分   图 8-5 操作面板操作键部分

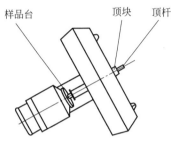

图 8-6 测色前拆卸顶杆

新摆正放稳仪器。

2. 反射样品的测量操作

(1) 测量前的准备工作。

① 开机。仪器显示： KANGGUANG SC-80 色差计 ，5s 后，仪器自动进入 10min 倒计时

预热时间，预热结束后，仪器发出蜂鸣声，进入调零状态（或按 复位 键仪器进入

调零状态）。

② 设定标准值。从随机附件中找到标准白板，在标准白板证书上，找到 0/d

对应条件 $10°$ 视场的 X、Y、Z 三刺激值的数据。按 编辑 键，仪器进入编辑状态。

设定参数按 执行 键，按 下页 键，仪器进入编辑状态。按 下页 键，仪器显示已

进入的原标准三刺激值。 设定参数 X+80.55 Y+081.26 Z+079.72 ，其中的十位值闪烁，提示可

以在此位设定新值。按 + 键或 − 键，使数值加或减，按 → 键或 ← 键，使闪

烁的数位右移或左移。就可以把标准白板上 X、Y、Z 数据都输入到仪器内。

③ 输入内部目标样色差值。按 下页 键，比较色差为内部目标方式时，目标

样品的 L^*、a^*、b^*，输入方法同上； 设定参数 L* +80.55 a* +81.26 b* −79.72 。

这种比较色差的方式，是两个"样品"方式，可以不输入此项内容。

④ 设定输出格式。按 下页 键，设定用户需要输出的参数。

窗口设定
开：☺　关：●

XYZ☺　Yzy☺　Lab*●　LC*H●
CMC☺　Lab☺　YI☺　GS●

参数右边显示"☺"表示输出该参数，显示

"●"表示不输出该参数，可按 ＋ 或 － 键改变设定，按 ← 键或 → 键移位。

按 下页 键仪器显示：

Wg☺ Wr☺ Wh☺ Ws☺
Wp☺ Wj☺ Wt☺

，设定方法同上。

⑤ 设定测量方式。按 下页 键选择测量模式为"反射"，即反射测量模式。可

按 ＋ 键或 － 键改变设定。

测量方式
反射

⑥ 设定比较色差模式。按 下页 键，设定比较色差方式为"样品"，即两样品
比较方式：

"目标"即与内部目标样品比较方式。按 ＋ 键或 － 键改变设

定。

色差模式
样品

⑦ 记入编辑信息。设定完毕后，按 下页 键检查是否有误后，按 编辑 键使
设定的信息记入仪器内，仪器自动转向调零状态。

(2) 测量操作。

① 方法一：两个样品比较色差方式。在使用这种模式时，请设定仪器的"色
差模式"为"样品"状态。

a. 调零操作。当仪器液晶显示器显示

调零
按［执行］键

并且调零灯亮时，可以

进行调零操作。左手把测试台轻轻压下，用右手将调零用的黑筒放在测试台上，对

准光孔压住，按 执行 键，仪器开始调零，显示 正在调零 ，当仪器发出蜂鸣声

时，提示调零结束，进入调白操作。

b. 调白操作。调零结束后，仪器显示

调白
按［执行］键

，同时 标准 灯亮，提

示可以进行校对标准（调白）操作。这时将黑筒取下，放上标准白板，对准光孔压

住，按 执行 键，仪器开始调白，显示 正在调白 ，当仪器发出蜂鸣声时，提示调

白结束，进入允许测试状态。

　　c. 测量样品。调白结束后，仪器显示 ┌─────────────┐ ，同时 [样品]
　　　　　　　　　　　　　　　　　　　 │　　测量样品　　│
　　　　　　　　　　　　　　　　　　　 │请放样品，按［执行］键│
　　　　　　　　　　　　　　　　　　　 └─────────────┘
灯亮，提示可进行样品测量。

　　将准备好的目标样品放到测试台上，对准光孔压住，按 [执行] 键即可测定其色
度值。当按下 [执行] 键后，显示 [测量样品，第 1 次]，表明进行第一次测量，当蜂
鸣器响时，指示测试结束，显示 ┌────────────┐ ，如果再次按下 [执行] 键，则
　　　　　　　　　　　　　　　　│测量样品　　第 1 次│
　　　　　　　　　　　　　　　　│　　显示/打印　　　│
　　　　　　　　　　　　　　　　└────────────┘
仪器再次进行测试，显示测量次数为 "2"，以此类推，最多可测定 9 次。其测试的
结果将与上几次测试的结果作算术平均值运算。直到按下 [显示] 键显示测试结果，
这个测量结果为所测次数的总平均值。连续按 [显示] 键，可显示所有各组数据。所
测量的样品为目标样品。

　　按 [打印] 键，如已经连接好打印机可直接打印出显示的结果。或已与计算机相
连，可把测量结果发给计算机。传输过程中按任意键可以返回，仪器显示
┌──────────┐ ，然后，自动回到显示数据状态。发送到计算机中的符号以仪器显
│　正在打印　│
│按任意键返回│
└──────────┘
示为准。

　　d. 比较色差。取出目标样品，将准备好的待测样品放到测试台上，对准光孔
压住。按 [样品] 键，再按 [执行] 键即可测量出被测样品的颜色数据及其目标样品的
色差值。按 [显示] 键显示测量结果，按 [打印] 键打印测量结果。

　　e. 多个待测样品。测量和比较色差时，只需重复 d 步骤。

　　f. 重测目标样品。按 [复位] 键，仪器回到样品测量状态，同时 [样品] 灯亮。
此时按 [执行] 键，所测定的第一个样品即为新的目标样品。其后再重复 d 步骤所测
的样品，都是与它比较色差。

　　仪器使用完毕，取出被测试样品，清理测试压孔，关闭电源。

　　② 方法二：内部目标样品比较色差方式。在使用这种模式时，请设定仪器的
"色差模式" 为 "目标" 状态。

　　a. 调零操作。同前方法。

　　b. 调白操作。同前方法。

　　c. 测量样品。调白结束后，仪器回到测量状态，同时 [样品] 灯亮，提示可以
进行样品测量，将准备好的待测样品放到测试台上，对准光孔压住，测量的每个被
测样品颜色数据，都是与前一方法中 "测量样品" 步骤所输入的目标样品直接进行

比较的色差值。按 显示 键可显示测量结果，按 打印 键可直接打印现实的测量结果。注意此时已输入的目标样品颜色值，不再显示或打印。按 复位 键，仪器回到测量状态，可继续测量其他样品，测量的每个样品颜色数据，都是与前一方法中"测量样品"步骤所输入的目标样品直接进行比较的色差值。

d. 仪器使用完毕。取出被测试样品，清理测试压孔，关闭电源。

（3）注意事项。

① 当仪器处于测量或显示数据状态时，如果按下调零键或调白键，则仪器回到调零或调白状态。在测量过程中，如果发现数据偏差大，则应重新调零或调白。

② 测量样品之前，在进行调白时需十分小心，千万不能把标准白瓷砖摔坏，否则整机不能工作。

③ 在输出色差值时，一定要连续按显示键才能获得所需的各种数据。

④ 在整个实验过程中，千万不能用手指触摸镜头。

⑤ 做好各项数据记录，完成实验报告。

（二）Datacolor-400 分光光度仪

1. 系统组成

整个系统由三部分组成：测色仪、软件及储存和处理器。分别是 Datacolor 400UV 测色仪、Datacolor TOOLS 检测软件和 Datacolor Match Pigment 配色软件、计算机。

2. 系统功能

① 颜色的检测。检测颜色的色坐标：L、a、b、c、h，颜色的黄度、白度、遮盖力、力度等指数，两种颜色的色差等。

② 颜色的匹配。自动计算颜色的配方，自动修正颜色的配方。

这里暂时只要求掌握系统的颜色检测功能。

3. 检测颜色操作方法和步骤

（1）打开 Datacolor TOOLS 检测软件。双击屏幕上的 Datacolor Match Pigment 软件快捷按钮→输入用户名称（user）和密码（cc3）登录软件→待软件完全打开后，最小化"配色中心"部分，点击"数据导航"的"开始"菜单→选择"Datacolor TOOLS"→打开检测软件。

（2）检测步骤。

① 如果是刚开测色仪，需首先校正仪器：点击"校正仪器"按钮→根据提示放置黑筒→测量→根据提示放置白板→根据提示放置绿板测量→"校正完成"。仪器的校正间隔时间可设定，但一般常设定为 8h。

② 测标准样品：输入标准样名称→放置色样于测色仪上→点击"标准样：仪器"按钮，测试标准样的颜色。

③ 测批次样品：输入批次样名称→放置色样于测色仪上→点击"批次样：仪器"按钮，测试批次样的颜色。

④ 评价测试结果：点击不同的功能键，可以看到所测颜色在不同色空间中的表色值、在色空间中的相对位置。

根据需要可以储存有关色样的颜色，已被储存的色样可以取出作为标准样或批次样，可以查看关于颜色的其他指数：黄度、白度、遮盖力等。

⑤ 打印测试结果：可以根据所测得的颜色结果，把各种数据和图表打印出来。

（3）注意事项。

① 在进行仪器校正时，各种标准样板的使用需十分小心，不能摔、碰。因为每块标准板都有确定的表色值，一旦摔坏，只能到仪器制造厂商进行配置，耗财、耗时。

② 正确使用色卡。为保证色卡能较长期的使用，而且其中的每块色样的表色值都基本稳定，在使用色卡时，不能用手指等触摸色样表面，否则，将导致测色、配色不准，甚至使配色工作无法进行。

计算颜色配方的步骤如下：在"配色中心"，建立新"工作"→输入目标色的名称→将色样放在测色仪上→点击名称输入框旁边的测色按钮，测试目标色→浏览/选择原料（色料组→具体色料）→点击配色方法按钮（搜索/搜索和修色/组合式配方计算/自动配色）→得到满足要求的配方→评估和选择配方。

修正颜色的步骤如下：将最后选择的配方显示在"配方中心"屏幕上→按照所选配方去制作色样（调色、刮卡）→在"试配色"框里输入所制色样的名称→测试色样→评估色差，如果满足要求，工作完成；如果不满足，点击修色方法按钮（重新配色/自动追加）→给出修色配方→制作色样，测试，评估色差，如果满足要求，工作完成；如果不满足，点击修色方法按钮→不断进行，直至得到满意的配方为止。

（三）弘普手动调色机

使用数显调色机的目的是精确计量所加入的色浆的量（体积单位）。具体操作步骤如下。

（1）用水作替代实验。

（2）先在色浆罐表面贴上表示各种颜色的标签，并分别向各色浆罐中灌入色浆。注意必须一一对应，不能有任何错乱。

（3）计量泵排空。在抽取色浆时，阀门关闭，排空的目的是使泵内充满色浆，没有空气，最终目的是使计量准确。排空操作，一般重复5～6次。

（4）搅拌色浆，目的是使色浆混合均匀。

（5）调色操作。在调色机上找到相应的色浆罐，固定转盘，使色浆喷嘴对准所用容器，打开显示开关，提升标尺到所需色浆的体积数位置，提升活塞杆，全打开阀门，压下活塞杆到最低位置。

（6）注意事项。①在提升标尺时，两颗螺钉都要松开，而且提升速度不能太快；②微调时，应缩紧上螺钉；③标尺位置调好后，两颗螺钉都要缩紧；④加入色浆时，不能把色浆倒在中轴上。

附：弘普手动调色机详细说明

1. 用途与特点

本系列涂料调色机具有以下特点，适合水性或油性色浆调色配料使用。

（1）精密的数显表尺或带定位分度标尺保证计量准确，是实现颜色重复性的关键。

（2）采用 PTFE 材料制造的活塞耐磨损，抗溶剂，摩擦系数低，经久耐用。

（3）泵体及芯棒等部件采用不锈钢制造，防止色浆受污染变色。

（4）色浆罐采用工程塑料制造，耐腐蚀，抗溶剂。透明罐盖便于察看色浆。

2. 结构及技术参数

TS-1 型、TS-4 型单泵单标尺调色机色浆罐结构如图 8-7 所示。TS-2 型、TS-4 型双泵双标尺调色机色浆罐结构如图 8-8 所示。TS-3 型调色机色浆罐结构如图 8-9 所示。型号及技术参数见表 8-1。

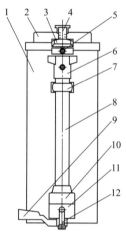

图 8-7　TS-1 型、TS-4 型单泵单标尺调色机色浆罐结构
1—罐体；2—罐盖；3—活塞抽手；4—标尺；5—标尺定位按钮；6—标尺导套；7—泵体固定耳；8—泵体；9—阀门开关手柄；10—泵座；11—阀体；12—出料嘴

3. 立式机、台式机安装（TS-1 型、TS-2 型、TS-3 型）

为方便运输，立式机包装分为机箱、转盘、色浆罐三部分，可按照如下步骤安装。

（1）将包装箱打开，分别取出机箱、转盘和色浆罐。

（2）将转盘中心孔对正机箱面中心的连接轴，使轴与孔对接后，扶稳转盘，电机通电，连接轴旋转。当带键的连接轴与转盘的键槽对正后，转盘即会落入连接轴内，此时关闭电机，用手转动转盘应运转自如。

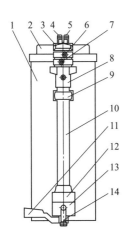

图 8-8　TS-2 型、TS-4 型双泵双

标尺调色机色浆罐结构

1—罐体；2—罐盖；3—活塞抽手（红色）；4—主泵标尺（尺头黑色）；5—微调标尺（尺头红色）；6—主泵标尺定位按钮（黑色）；7—微调标尺定位按钮（红色）；8—标尺导套；9—泵体固定耳；10—主泵体；11—阀门开关手柄；12—泵座；13—阀体；14—出料嘴

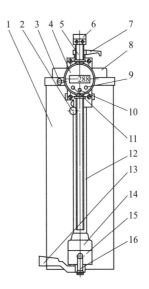

图 8-9　TS-3 型调色机色浆罐结构

1—罐体；2—微调小轮；3—表尺锁紧螺钉；4—数显表；5—数显表尺；6—表尺抽手；7—活塞抽手；8—罐盖；9—ZERO（置零）键；10—ON/OFF（开关）键；11—MODE（模式）键；12—泵体；13—阀门开关手柄；14—泵座；15—阀体；16—出料嘴

表 8-1　型号及技术参数表

型号	计量方式	最小注出量 /mL	每次最大注出量 /mL	色浆罐容量 /L	色浆罐数量 /套	说　　明
TS-1	带锁单泵单标尺	0.3	57	2.1	14 16	标尺每格刻度 0.6mL
TS-2	带锁双泵双标尺	a. 0.15 b. 0.077 c. 0.1	a. 57 b. 59 c. 60	2.1	14 16	a. 主泵标尺每格刻度 0.6mL，微调标尺每格刻度 0.15mL b. 主泵标尺每格刻度 0.616mL，微调标尺每格刻度 0.077mL c. 主泵标尺每格刻度 1mL，微调标尺每格刻度 0.1mL
TS-3	数显表尺	0.1	60	2.1	14 16	数显表尺最小分度值：0.05mL
TS-4	带锁单泵单标尺	0.3	57	2.1	6 7 8	标尺每格刻度 0.6mL
	带锁双泵双标尺	a. 0.15 b. 0.077 c. 0.1	a. 57 b. 59 c. 60	2.1	6 7 8	a. 主泵标尺每格刻度 0.6mL，微调标尺每格刻度 0.15mL b. 主泵标尺每格刻度 0.616mL，微调标尺每格刻度 0.077mL c. 主泵标尺每格刻度 1mL，微调标尺每格刻度 0.1mL

（3）将安装在机箱左边的离合杆往下压，同时用手转动转盘，检查离合器与转盘的各定位是否接合畅顺。

（4）色浆罐与转盘连接安装（见图 8-10）。

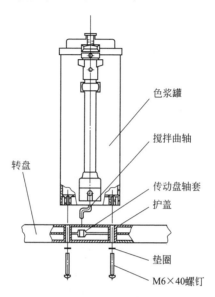

图 8-10 色浆罐安装

① 把搅拌曲轴的端部对正传动盘轴套，轻缓放入。

② 色浆罐底部的两个螺孔对正护盖两通孔，然后从转盘下部拧入两支 M6×40 半圆头螺钉，使色浆罐与转盘紧固连接。

③ 依次将全部色浆罐与转盘连接，然后将离合器与转盘接合，电机通电带动色浆罐内的各搅拌叶转动（此时转盘不能转动），检查运转是否正常。

4. 挂壁式安装(TS-4 型)

TS-4 普及型调色机安装方法如下。

（1）按调色机底座后面两挂孔中心距（TS-4：6 头中心距 480mm、7 头中心距 600mm、8 头中心距 560mm）在墙上装入 2 支 M8 爆炸螺栓，螺纹部分应露出 20～25mm，然后在螺纹端部套上垫圈及螺母。

（2）将底座前面的两个橡胶防护圆盖取出，将调色机靠墙挂在 2 支 M8 爆炸螺栓上。

（3）从底座前面的两个圆孔伸入套筒扳手拧紧两螺母，确认整机安装牢固后，重新装上两个橡胶防护圆盖即可。

5. 调色前准备工作

（1）根据需要往每个色浆罐内放入不同颜色的色浆，如有滴落应抹干净，然后将罐盖盖上。

（2）开机将色浆搅拌 5min，停机后 5min 即可进行调色操作。

（3）正式调色前，应将泵体内空气、水分排出，以保证计量准确。

各型号调色机计量泵排空方法如下。

（1）TS-1 型、TS-4 型（单泵单标尺）。

① 左手拇指按住红色按钮，右手将带红色尺头的标尺往上提，使刻度 1Y 对准红色抽手的上平面，松开左手拇指，使定位销插入标尺定位孔内。

② 右手提起红色抽手使其与红色标尺头紧贴，使色浆罐的色浆吸入到活塞泵内，再将红色抽手往下压贴止位，把色浆压回色浆罐中，**注意：不要打开阀门！**重复以上操作 5～6 次。

③ 在出料嘴下放一只空罐或纸杯，右手提起红色抽手与红色标尺头紧贴，左手按逆时针方向扳转阀门手柄，使阀门打开，右手将红色抽手往下压贴止位，将色浆排到罐或杯中。

④ 松开左手，阀门手柄复位，阀门关闭。按下红色按钮，使标尺回至零位。

③、④点的排料操作，重复数次，直至色浆流呈连续状态，把泵体内的空气、水分排清。其他泵依此方法进行排气，并将罐或杯中的色浆倒回到各自的色浆罐。

（2）TS-2 型、TS-4 型（双泵双标尺）。

① 主泵体排空。

a. 左手拇指按住黑色按钮，右手将带黑色尺头的标尺往上提，使刻度 1Y 对准红色抽手的上平面，松开左手拇指，使定位销插入标尺定位孔内。

b. 右手提起红色抽手使其与黑色标尺头紧贴，使色浆罐的色浆吸入到活塞泵内，再将红色抽手往下压贴止位，把色浆压回色浆罐中，**注意：不要打开阀门！**重复以上操作 5～6 次。

c. 在出料嘴下放一只空罐或纸杯，右手提起红色抽手与黑色标尺紧贴，左手按逆时针方向扳转阀门手柄，使阀门打开，右手将红色抽手往下压贴止位，将色浆排到罐或杯中。

d. 松开左手，阀门手柄复位，阀门关闭。按下黑色按钮，使主泵标尺回至零位。

c、d 点的排料操作，重复数次，直至色浆流呈连续状态，把泵体内的空气、水分排清。其他泵依此方法进行排气，并将罐或杯中的色浆倒回各自的色浆罐。

② 微调泵体排空。

a. 左手拇指按住红色按钮，右手提起带红色尺头的标尺，使刻度 8 格对准红色抽手上平面，松开左手拇指，使定位销插入标尺定位孔内。

b. 右手提起红色抽手使其与红色标尺头紧贴，使色浆罐中的色浆吸入到活塞泵中，再将红色抽手往下压贴止位，把色浆压回色浆罐中，**注意：不要打开阀门！**重复以上操作 5～6 次。

c. 在出料嘴下放一只空罐或纸杯，右手提起红色抽手与红色标尺头紧贴，左手按逆时针方向扳转阀门手柄，使阀门打开，右手将红色抽手往下压贴止位，将色浆排到罐或杯中。

d. 松开左手，阀门手柄复位，阀门关闭。按下红色按钮，使微调标尺回至零位。

c、d点排料操作，重复数次，直至色浆流呈连续状态，把泵体内的空气、水分排清。其他泵依此方法进行排气，并将罐或杯中的色浆倒回到各自的色浆罐。

（3）TS-3型（数显表尺）。

① 按数显表 ON/OFF（开/关）键，使数显表处于工作状态，此时数显表右下角应显示"mL"，如右上角显示"ERROR"（出错）则按一次 MODE（模式）键，使数显表处于正常工作状态。将标尺锁紧螺钉松开，把表尺抽手压至下止点后，按 ZERO（置零）键将数显表置零。

② 提起红色的表尺抽手，使数显表显示值约为30mL，拧紧表尺锁紧螺钉。注意提起表尺时用力均匀，不要左右摇摆，以免损坏表尺。

③ 提起红色的活塞抽手，使其上表面紧贴表尺抽手，使色浆罐中的色浆吸入到活塞泵内。**注意：操作时需动作轻缓，用力均匀，避免撞击数显表尺抽手，以免影响计量精度**。再将活塞抽手压贴下止位，把色浆压回色浆罐，**注意：不要打开阀门！**重复以上操作5～6次。

④ 在出料嘴下放一只空罐或纸杯，提起红色的活塞抽手，使其上面紧贴表尺抽手，左手按逆时针方向扳转阀门手柄，使阀门打开，右手将活塞抽手压贴下止位，将色浆排到罐或杯中。

⑤ 松开左手，阀门手柄复位，阀门关闭。拧松表尺锁紧螺钉，均匀用力压下表尺至零位。

④、⑤点的排料操作，重复数次，直至色浆流呈连续状态，把泵体内的空气、水分排清。其他泵依此方法进行排气，并将罐或杯中的色浆倒回各自的色浆罐。

6. 色浆搅拌

每天应对色浆搅拌1～2次。

（1）TS-1型、TS-2型、TS-3型调色机设有自动定时搅拌功能。当安装在机箱左边的离合器在与转盘接合的情况下（将离合器手柄往后推，并用手转动转盘，离合器即可与转盘接合）且设备通电后，按机箱右边的红色按钮，安装在机箱内的电机即会带动各料罐内的搅拌叶对色浆进搅拌，5min后自动停机。在搅拌过程中，如果将离合器压下使其与转盘脱开，转盘即可用手转动，此时搅拌会自动暂停。当离合器与转盘接合后，搅拌会继续进行，直至搅拌5min后自动停止。

（2）TS-4普及型调色机只要转动安装在底座右侧的手轮3～4min即可完成搅拌。

7. 调色操作

（1）左手压下机箱左侧的转盘离合杆，使其与转盘脱离，用手转动转盘，将所需色浆的料罐转到操作位置，然后使离合器与转盘接合（TS-1型、TS-2型、TS-3

型）。

（2）各型号的调色机调色操作与排空操作相同；按色卡选择需配制涂料的颜色种类，根据配方给定的数值分别操作，使色浆按定量排出与基料混合即可。

8. 使用注意事项

（1）设备在运输和使用过程中应小心轻放，避免碰撞。

（2）数显表尺应保持清洁，避免油污、液体及灰尘等沾附表面，以免影响计量精度。使用完毕，按 ON/OFF（开/关）键，关闭电源。

（3）数显表尺的任何部位不能施加电压，也不要用电笔刻字，以免损坏元件。

（4）数显表尺、标尺不干胶及色浆罐等塑料件可用干净布擦净，不可使用丙酮等有机溶剂清洁。

（5）发现标尺不干胶破损或与标尺体剥离，应及时更换或用胶水粘固（TS-1型、TS-2型、TS-4型）。

（6）转盘中心位置注油杯，每月应加注机油一次（TS-1型、TS-2型、TS-3型）。

（7）出料嘴挡块的胶套使用一定时间后会老化，影响密封效果，如果发现变硬开裂，应及时更换。

9. 电池更换（TS-3型）

数显表尺的数字闪动，表明电池供电不足，此时应更换电池。如图 8-11 所示，将电池夹抽出，卸下旧电池，换新电池时，注意电池正极朝向操作面。

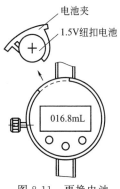

图 8-11　更换电池

10. 操作步骤

（1）安装设备。灌装色浆（贴好标识，计量泵排空逐一进行，重复数次，使色浆流呈连续状，随后将排出的色浆倒回，黏附色浆应用长柄铁勺刮净。注意：在抽取色浆过程中不要打开阀门）。

（2）搅拌色浆（通电，按下调色机右侧红钮，达到预定时间后自动停止，每天搅拌 2 次）。

（3）调色工作。备齐需调色基础漆、色卡以及调色配方。

基础漆桶开罐置于工作位，按配方所示，在调色机上找到相应色浆，固定转盘，使色浆喷嘴对准漆桶；按 ON/OFF 键打开数显表液晶屏，提升标尺至相应值，同时固定两个标尺锁紧螺钉（注意：微调时应固定上螺钉而松开下螺钉，达到预定数据时再锁紧）；提升活塞杆至最高位（注意：在抽取色浆过程中不要打开阀门），开尽阀门，下压活塞杆至最低位，排出色浆至漆桶中，不够量重复操作。完毕后，归位标尺，关闭数显表。如需其他色浆，依次操作。

（4）盖好基础漆桶盖，准备送混合机或手动搅拌混匀。

实验二　基础漆数据库的建立

一、实验目的

（1）掌握基础漆数据库建立的全过程。
（2）理解基础漆数据库建立的重要意义。

二、实验仪器及耗材

1. 仪器

Datacolor-400 分光光度仪，调色机，工字涂布器，调色刀，天平，密度计，鼓风干燥箱等。

2. 耗材

调色杯，千色卡，垃圾桶（套垃圾袋），基础漆（0～15％钛白含量），漆勺，黑白格，布碎等。

三、建立基础(原材料)数据库的意义

调色，就是用白漆、清漆（树脂）和各种色浆调出具有人们所需要颜色漆料的过程。使用计算机系统调色时，初出配方和修正配方都是由计算机自动给出的，计算机在计算满足一定条件（色差条件、成本条件等）的配方时，也就是计算机在调用白漆、清漆（树脂）和各种色浆来出配方时，计算机内必须储存有它们的相关数据，通俗地说，就是必须使计算机先认识它们，否则无法调用它们出现在配方中。

使计算机认识它们，就是要使计算机内储存有它们的代号、名称、密度、价格、膜厚、表色值（分光反射率曲线）等。这些数据的获得，就需要把各种白漆、色浆、清漆（树脂）分别按一定的比例调配均匀后，制成一定膜厚的漆膜，再用测色仪器进行测色。这个测色过程，就是向计算机输入白漆、色浆、清漆（树脂）的各种表色值的过程。

四、实验步骤

(一) 在"原料维护"部分为原材料"建立档案"

点击"数据导航"的"开始"菜单→选择"原料维护"→打开"原料维护"部分→点击"新增原料"按钮→输入或选择各个输入框中的内容 [如：输入"白漆（基础漆）5％、10％、15％等"，对应于下一框中的"白色料"；输入"清漆（或RESIN×××）"，对应于下一框中的"树脂"；输入"REDV"，对应于下一框中的"色料"]→在相应的框内输入批号、密度等→点击"增加"按钮→重复上述步骤，增加树脂、清漆、白漆、色浆等。

输入原料后，就应该输入色浆（色料）的数据，在"色料组维护"部分计算原材料的着色性能参数，基本程序是：按照要求准备各种原料的色板→测试色板，输入色板配方→待输入某种原料的全部色板后，计算，然后储存（把所输入的数据保存）→一种原料输入完成。

(二) 色料组数据的获得

具体制作色板时，到底需要刮哪些卡（制作哪些颜色的漆膜），才能保证所建的基础数据库完整、好用呢？这里根据实际调色的经验来作介绍。

首先，测色的目的是获得颜色的分光反射率 $\rho(\lambda)$，根据计算机配色原理，要得到 $\rho(\lambda)$，必须获得颜色样品的吸收系数 K、散射系数 S 值。然而，K、S 值曲线并不是直线，而是不规则的曲线，所以要获得准确的曲线，就必须获得曲线上的每一个点的坐标值，这些值只有通过实际测色才能得到。实际上，并不需要（而且也无法）获得曲线上所有点的坐标值，只需要获得曲线上的有代表性的点的坐标值就可以了，当然这些点应尽量多，这样计算机就可以回归出其曲线（一般采用内插法）。根据实际调色经验，每种色浆只做 8～10 个点就可以了。这些点是根据不同的色浆和所用基础漆的比例来实现的。也就是用色浆在基础漆中不同浓度，调制均匀、刮卡而得。不过，这些点不是随意取的，应该把它们的质量分数从 0～100％尽量均匀分布（目的是既照顾深色，又兼顾浅色）。

1. 完整的数据库需要做的色板

对于黑色浆，至少从下列 9 个点中选做 4 个点。这里把自己选用的白色漆（含钛白粉的质量分数可以是 5％、8％、10％、15％等）叫做白漆，把不含钛白粉的漆叫做树脂或清漆。

2％的黑色浆＋98％的白漆
5％的黑色浆＋95％的白漆
10％的黑色浆＋90％的白漆
20％的黑色浆＋80％的白漆

30％的黑色浆＋70％的白漆

40％的黑色浆＋60％的白漆

50％的黑色浆＋50％的白漆

70％的黑色浆＋30％的白漆

80％的黑色浆＋20％的白漆

并且，有一个点是必须做的，那就是"黑色浆＋清漆（或树脂）"，否则，软件无法计算出配方。对于别的颜色的每一种色浆，必须做下列 10 个点中的 4 个。

2％的色浆＋98％的白漆

5％的色浆＋95％的白漆

10％的色浆＋90％的白漆

20％的色浆＋80％的白漆

30％的色浆＋70％的白漆

40％的色浆＋60％的白漆

50％的色浆＋50％的白漆

70％的色浆＋30％的白漆

80％的色浆＋20％的白漆

2％的色浆＋3％的黑色浆＋95％清漆（或树脂）

其中，每种色浆的最后一个点都是必须的，否则软件无法算出配方。

2. 简易基础数据库的建立

在教学过程中，为了节约色浆，只要避免调很深的颜色，就可以采用简易基础数据库的建立方法。

对于树脂（这里指太白粉含量为 0 的基础漆），不用制涂膜。对于白漆（这里指太白粉含量为 5％的基础漆），可以直接用白漆做 1 个点，也可用白漆和树脂混合后制膜，这种方法可做多个点。

对于黑色浆，可做下列 4 个点：

1％的黑色浆＋99％的白漆

3％的黑色浆＋97％的白漆

5％的黑色浆＋95％的白漆

10％的黑色浆＋90％的白漆

另外再做"2％黑色浆＋98％清漆（或树脂）"1 个点即可。

对于别的各种颜色的色浆，每一种色浆都做下列各点：

1％的色浆＋99％的白漆

3％的色浆＋97％的白漆

5％的色浆＋95％的白漆

10％的色浆＋90％的白漆

然后对每一种色浆都相应地做一个点"2％的色浆＋3％的黑色浆＋95％清漆（或树脂）"就可以了。

具体做法是：准确称取调色杯质量，然后加入白漆（5％基础漆）后，再称取白漆（以大约100g为基准）的质量，然后加入色浆，再称取所加入色浆的质量。记录基础漆、色浆的质量、色浆代号、操作者姓名，待录入数据用。

（三）"建立一个新色料组"的有关参数建立和设置步骤

开始→为新色料组命名→选择"色料组类别"→输入"膜厚"和"黏度"的标准值→选择处理选项→选择"默认测色选项"→选择色料的"默认校正选项"→底材→选择树脂的"默认校正选项"→"表面修正"参数输入→退出→参数设置完成，可以开始输入原料。

1. 原料的输入顺序

树脂→白色料→黑色料→彩色色料，这是软件规定顺序，输入后面的原料时需要用到前面原料的参数，所以必须按照此顺序。

值得注意的是，在白色料、黑色料、彩色色料输入时，先输入配方，再测色，而且每一种料输完后，必须通过校正（当然，也可以所有原料输入完毕后再校正）后才能使用。

2. 各种原料的输入步骤

按照软件的"输入精灵"的提示，一步一步地完成即可，但要注意各种选项的确定。

五、注意事项

（1）细心操作，记录下白漆（基础漆）的用量、色浆的代号、用量、操作人、日期等。这些数据应同时记录到即将刮卡用的黑白格的卷首。

（2）调匀时，应该从杯的中央搅起，尽量不要把色浆搅到杯壁上。

（3）尽量调匀，但用力不能太大，否则易把杯搅漏。

（4）刮卡时，应先平铺黑白格，摆正。然后把工字涂布器突出的一面面向自己摆放，再把调好的漆料取少量放在工字涂布器的两端头之间，注意千万不能使工字涂布器的两端头或任一端头置于漆料上（包括在工字涂布器的运行过程中）。然后用手的拇指和中指分别握住工字涂布器的两端头，缓缓、匀速地往外拉，就可得到均匀的漆膜。

（5）刮完卡之后，应及时把工字涂布器上粘有的漆料清理干净。可先用布碎或纸巾擦拭，再清洗。

（6）调完一种颜色后，必须把调色刀彻底清洗干净后才能去调下一个颜色。

（7）在整个操作过程中，千万不能在某种色浆中混入另一种色浆（即使是微量也不行）。

实验三 色卡样品色的调配

一、实验目的

（1）训练计算机调色技能。

（2）训练人工调色技能。

二、实验仪器及耗材

1. 仪器

Datacolor-400 分光光度仪，调色机，工字涂布器，调色刀，天平，密度计，鼓风干燥箱等。

2. 耗材

调色杯，千色卡，垃圾桶（套垃圾袋），基础漆（0～15％钛白含量），漆勺，黑白格，布碎等。

三、实验步骤

（一）计算机调色

（1）从色卡中选择自己喜欢的颜色作为调色的目标色，记录色号。

（2）用 Datacolor 分光光度仪测出它在 CIE $L^*a^*b^*$ 颜色空间中的 L^*、a^*、b^* 值。

（3）利用实验二已经做好的数据库，计算机自动计算出配方，这时计算机会同时给出 10 个配方，选择一个合适的配方并记录下来。

这一步的具体操作步骤是：在"配色中心"，建立新"工作"→输入目标色的名称，将色样放在测色仪上→点击名称输入框旁边的测色按钮，测试目标色→浏览/选择原料（色料组→具体色料）→点击配色方法按钮（搜索/搜索和修色/组合式配方计算/自动配色）→得到满足要求的配方→评估和选择配方。

（4）按选定的配方，加入各种物料，进行调色。

（5）刮卡、制膜，获得试配色。再用用 Datacolor-400 分光光度仪来测定试配色在 CIE $L^*a^*b^*$ 颜色空间的 L^*、a^*、b^* 值以及与目标色的色差 $\Delta E_{机}$ 值。

（二）人工调色

（1）从色卡中选择计算机调色时所选择的颜色作为调色的目标色（两种调色方法选用同一目标色），记录色号。

（2）研究目标色。根据色相环来判断目标色由哪几种主色调组成，然后决定选用色浆的种类；根据目标色颜色的深浅，决定使用白漆（基础漆）的种类，原则是深色选用钛白粉含量低的白漆（基础漆），浅色选用钛白粉含量较高的白漆（基础漆）。

（3）以 100g 左右的白漆（基础漆）为基础，估计所需的各种色浆应加入的量，然后先加基础漆，最后加色浆，加完色浆后，记录所加入的各种物料的量。

（4）调色。如果发现颜色与目标色相差甚远，可补加自认为合适的色浆或白漆（基础漆），再把数据记录下来。

（5）再调色（修色），直到自认为所获得的颜色已经与目标色很接近了时，刮卡、制膜，获得试配色。

（6）把自己调出的试配色与目标色在 Datacolor-400 分光光度测色仪上测色，获得试配色在 CIE $L^*a^*b^*$ 颜色空间中的 L^*、a^*、b^* 值以及与目标色的色差 $\Delta E_人$ 值。

（7）比较 $\Delta E_机$ 和 $\Delta E_人$ 的大小。

四、注意事项

（1）在涂料生产和应用过程中，调色是为了获得与目标色色差足够小的试配色或配出某一种目标颜色的配方，用于指导生产，所以要详细、规范地记录每一个实验数据。

（2）人工调色时，必须认真研究目标色，确定色浆后，再按先加白漆（基础漆），后加色浆的顺序进行调色。

（3）人工调色时，应先加入少许色浆，不要一次加得太多，否则很难调出目标色。

（4）人工调色时，一定要先调深浅，再调色相，最后调明度。

（5）调色时，必须把所加入的各种物料充分混合均匀后，才能与目标色进行对比，否则毫无意义。

实验四　调色配方的修正

一、实验目的

（1）训练用 Datacolor 调色系统进行修色的技能。
（2）训练人工调色的修色技能。

二、实验仪器和耗材

1. 仪器

Datacolor-400 分光光度仪，调色机，工字涂布器，调色刀，天平，密度计，鼓风干燥箱等。

2. 耗材

调色杯，千色卡，垃圾桶（套垃圾袋），基础漆（0～15％钛白含量），漆勺，黑白格，布碎等。

三、实验过程

（一）用 Datacolor 调色系统进行修色

（1）在色卡中选择自己喜欢的颜色作为目标色，记录色号，然后用 Datacolor 调色系统进行测色。

（2）目标色测定之后，系统会自动记录相关数据，而且已经保存。

（3）然后选择色料组（基础数据库），应用选定的色料组，计算机会自动计算出配方。这时系统会给出 10 个配方，作为调色训练，应尽量选择可行配方（可行与否，是相对调色漆料总量而言的，在实际生产中，每个配方都可行）。

（4）按所选定的配方调色、刮卡、制膜、烘干，获得第一次试配色。

（5）把第一次试配色在 Datacolor 系统中测色，如果它与目标色的色差 $\Delta E >$ 1，则此配方需要修正。

（6）修正配方时，只需在调色软件中点击（重新配色/自动追加）按钮，系统就会自动再次计算出配方。

（7）再按此配方调色、刮卡、制膜、烘干，获得第二次试配色。

（8）把第二次试配色在调色系统中测色，看它与目标色的 ΔE 大小，如果 $\Delta E > 1$，需再次进行配方修正，直到 $\Delta E \leqslant 1$ 时，所获得的配方，就可认为是能调出目标色的配方。记录修色的次数和调出目标色所用时间。

计算机系统的整个修色过程，可概括如下：将最后选择的配方显示在"配方中心"屏幕上→按照所选配方去制作色样→在"试配色"框里输入所制色样的名称→测试配色样→评估色差，如果满足要求，工作完成；如果不满足，点击修色方法按钮（重新配色/自动追加）→给出修色配方→制作色样，测试，评估色差，如果满足要求，工作完成；如果不满足，点击修色方法按钮→不断进行，直至得到满意的配方为止。

（二）人工调色的修色过程

（1）选定目标色，记录色号。

（2）研究目标色，确定目标色在色相环中的位置，进一步确定组成目标色的主色调。

（3）根据组成目标色的主色调决定调出目标色所需用的色浆种类，根据白漆（基础漆）的用量判断各种色浆的用量。

（4）以 100g 白漆（基础漆）为基准，加入色浆调色，初步判断所得的颜色与目标色的差别，再决定追加什么色浆或白漆（基础漆），追加多少。

（5）经过多次追加后，如果所调出的颜色与目标色相近或相同了，刮卡、烘干，再到调色系统中进行测色，得出人工调色试配色与目标色的色差 ΔE，如果 $\Delta E > 1$，还需要修色，直到 $\Delta E \leqslant 1$ 时，所获得的配方可以说是可调出目标色的配方。记录修色的次数和调出目标色所用时间。

四、注意事项

（1）要详细记录每一步的数据（包括色号、各种物料的用量）。

（2）调色时，必须将调色杯中的物料充分混匀后，才能与目标色进行对比（即使是初步对比）。

（3）真正与目标色对比时，要求使用干漆膜与目标色对比。

（4）人工调色时，应该先调深浅，再调色相，最后调明度。

（5）加入色浆时，不能贪多，每次应该尽量少量地加入，待有一定经验后，再增加每次色浆的加入量。

（6）调深色时，应用钛白粉含量为 0 的白漆（基础漆）；调浅色时，应选用钛白粉含量较高的白漆（基础漆），否则，难以获得经济的配方。

（7）颜色的色相确定后，用黑色色浆调整试配色的明度，用白漆（基础漆）来改变饱和度。

（8）初次称量时，要把调色刀与调色杯一起称量，否则不能得到准确的配方。

实验五　调色综合训练

一、实验目的

（1）熟练掌握全自动色差计、Datacolor-400 分光光度仪、调色机等各种调色仪器、设备的操作过程。

（2）熟练掌握用计算机调色系统进行目标色的测色、计算配方、修正配方的全过程。

（3）在规定的时间内用计算机调色系统完成指定目标色的调色任务（$\Delta E \leqslant 1$）。

（4）在规定的时间内通过人工调色完成指定目标色的调色任务（$\Delta E \leqslant 1$）。

二、实验仪器耗材

1. 仪器

Datacolor-400 分光光度仪，调色机，工字涂布器，调色刀，天平，密度计，鼓风干燥箱等。

2. 耗材

调色杯，千色卡，垃圾桶（套垃圾袋），基础漆（0～15％钛白含量），漆勺，黑白格，布碎等。

三、实验过程

（一）计算机调色系统调色

为便于读者掌握计算机调色的整个过程，这里把整个操作过程汇总如下。

1. 自己寻找或从色卡中选取目标色（基准色）

2. 检测颜色

（1）打开 Datacolor TOOLS 检测软件。双击屏幕上的 Datacolor Match Pigment 软件快捷按钮→输入用户名称和密码登录软件→待软件完全打开后，最小化"配色中心"部分，点击"数据导航"的"开始"菜单→选择"Datacolor TOOLS"→打开检测软件。

（2）检测步骤。如果是刚开测色仪，需首先校正仪器：点击"校正仪器"按钮→根据提示放置黑筒→测量→根据提示放置白板→测量→"校正完成"。

输入标准样名称→放置色样于测色仪上→点击"标准样：仪器"按钮，测试标准样的颜色→输入批次样名称→放置色样于测色仪上→点击"批次样：仪器"按钮，测试批次样的颜色→评价测试结果。

根据需要可以储存有关色样的颜色，已被储存的色样可以取出作为标准样或批次样，可以查看关于颜色的其他指数——黄度、白度、遮盖力等。

打印测试结果。

3. 匹配颜色

（1）建立原材料数据库。在软件能够配色之前，首先要将用于配色的原材料输入到软件中，具体步骤如下。

① 在"原料维护"部分为原材料"建立档案"。点击"数据导航"的"开始"菜单→选择"原料维护"→打开"原料维护"部分→点击"新增原料"按钮→输入或选择各个输入框中的内容→点击"增加"按钮→重复上述步骤，增加树脂、清漆、白漆、色浆等。

② 在"色料组维护"部分计算原材料的着色性能参数。按照要求准备各种原料的色板→测试色板，输入色板配方→待输入某种原料的全部色板后，计算，然后储存，一种原料输入完成。

③"建立一个新色料组"的有关参数建立和设置步骤。开始→为新色料组命名→选择"色料组类别"→输入"膜厚"和"黏度"的标准值→选择处理选项→选择"默认测色选项"→选择色料的"默认校正选项"→底材→选择树脂

的 "默认校正选项" → "表面修正" 参数输入 → 退出 → 参数设置完成，可以开始输入原料了。

④ 原料的输入顺序。树脂 → 白色料 → 黑色料 → 彩色色料，这是软件规定顺序，输入后面的原料时需要用到前面原料的参数，所以必须按照此顺序。

⑤ 各种原料的输入步骤。按照软件的 "输入精灵" 的提示，一步一步地完成即可。

（2）计算颜色配方的步骤。在 "配色中心"，建立新 "工作" → 输入目标色的名称 → 将色样放在测色仪上 → 点击名称输入框旁边的测色按钮，测试目标色 → 浏览/选择原料（色料组 → 具体色料）→ 点击配色方法按钮（搜索/搜索和修色/组合式配方计算/自动配色）→ 得到满足要求的配方 → 评估和选择配方。

（3）修正颜色的步骤。将最后选择的配方显示在 "配方中心" 屏幕上 → 按照所选配方去制作色样 → 在 "试配色" 框里输入所制色样的名称 → 测试色样 → 评估色差，如果满足要求，工作完成；如果不满足，点击修色方法按钮（重新配色/自动追加）→ 给出修色配方 → 制作色样，测试，评估色差，如果满足要求，工作完成；如果不满足，点击修色方法按钮 → 不断进行，直至得到满意的配方为止。

（二）人工调色

人工调色过程参见实验四。人工调色过程，必须建立在熟练操作基础之上，只有在不断的操作中总结、积累经验，才能够迅速、准确地调出目标色。所以，人工调色是一个训练的过程，重在 "练" 字，欲速则不达。

四、注意事项

与实验四相同，这里不再重复。

五、涂料企业的调色工作

目前，涂料企业的调色工作主要包括水性涂料、油性涂料和粉末涂料的调色，按调色的种类来分，又可分为调实色、透明色。实验一至实验五都是用乳胶漆进行调色（调实色），这样安排的目的是为读者营造一个较为舒适的调色环境。因为乳胶漆的分散介质是水，没有难闻的气味，但是调色时，主色调的选择、深浅、色相、明度的调配程序几乎相同，而且对调色工具的清洗显得十分方便。只要读者在乳胶漆的调色过程中苦练基本功，对油性涂料、粉末涂料的调色也不是难事。

这里必须指出的是，对于油性涂料、粉末涂料的调色，不仅需要调实色，还需要调透明色。透明色的显色原理与实色不同，透明色不是通过漆膜反射入射光显色的，而是通过其透过的入射光显色的。所以，在调透明色时，试配色与目标色的对比与调实色时不同，需要把漆膜制作在无色的透明底材上，如无色玻璃。一般透明色的目标色都以样油（样品漆）的形式出现，只要把试配色与样油同时在一张玻璃板上制模，就可以进行近距离对比。值得注意的是，在对它们进行观察对比时，让北窗光或 D_{65} 照明体发出的光透过所制作的漆膜进入调色者的眼睛，这时在调色者的大脑中会产生目标色与试配色的颜色感觉。对这两种颜色的色相、深浅、明度等多方面反复比对，直到色差足够小为止。如果凭眼睛不能判断色差大小，可借助于测色仪器进行测量，不过必须把仪器设置为测透明色的状态。

附　录

附录一　CIE 1931-RGB 标准色度观察者光谱三刺激值

λ/nm	$\overline{r}(\lambda)$	$\overline{g}(\lambda)$	$\overline{b}(\lambda)$	λ/nm	$\overline{r}(\lambda)$	$\overline{g}(\lambda)$	$\overline{b}(\lambda)$
380	0.00003	−0.00001	0.00117	510	−0.08901	0.12860	0.02698
385	0.00005	−0.00002	0.00189	515	−0.09356	0.15262	0.01842
390	0.00010	−0.00004	0.00359	520	−0.09264	0.17468	0.01211
395	0.00017	−0.00007	0.00647	525	−0.08473	0.19113	0.00830
400	0.00030	−0.00014	0.01214	530	−0.07101	0.20317	0.00549
405	0.00047	−0.00022	0.01969	535	−0.05316	0.21083	0.00320
410	0.00084	−0.00041	0.03707	540	−0.03152	0.21466	0.00146
415	0.00139	−0.00070	0.06637	545	−0.00613	0.21478	0.00023
420	0.00211	−0.00110	0.11541	550	0.02279	0.21178	−0.00058
425	0.00266	−0.00143	0.18575	555	0.05514	0.20588	−0.00105
430	0.00218	−0.00119	0.24769	560	0.09060	0.19702	−0.00130
435	0.00036	−0.00021	0.29012	565	0.12840	0.18522	−0.00138
440	−0.00261	0.00149	0.31228	570	0.16768	0.17087	−0.00135
445	−0.00673	0.00379	0.31860	575	0.20715	0.15429	−0.00123
450	−0.01213	0.00678	0.31670	580	0.24526	0.13610	−0.00108
455	−0.01874	0.01046	0.31166	585	0.27989	0.11686	−0.00093
460	−0.02608	0.01485	0.29821	590	0.30928	0.09754	−0.00079
465	−0.03324	0.01977	0.27295	595	0.33184	0.07909	−0.00063
470	−0.03933	0.02538	0.22991	600	0.34429	0.06246	−0.00049
475	−0.04471	0.03183	0.18592	605	0.34756	0.04776	−0.00038
480	−0.04939	0.03914	0.14494	610	0.33971	0.03557	−0.00030
485	−0.05364	0.04713	0.10968	615	0.32265	0.02583	−0.00022
490	−0.05814	0.05689	0.08257	620	0.29708	0.01828	−0.00015
495	−0.06414	0.06948	0.06246	625	0.26348	0.01253	−0.00011
500	−0.07173	0.08536	0.04776	630	0.22677	0.00833	−0.00008
505	−0.08120	0.10593	0.03688	635	0.19233	0.00537	−0.00005

续表

λ/nm	$\overline{r}(\lambda)$	$\overline{g}(\lambda)$	$\overline{b}(\lambda)$	λ/nm	$\overline{r}(\lambda)$	$\overline{g}(\lambda)$	$\overline{b}(\lambda)$
640	0.15968	0.00334	−0.00003	715	0.00148	0.00000	0.00000
645	0.12905	0.00199	−0.00002	720	0.00105	0.00000	0.00000
650	0.10167	0.00116	−0.00001	725	0.00074	0.00000	0.00000
655	0.07857	0.00066	−0.00001	730	0.00052	0.00000	0.00000
660	0.05932	0.00037	0.00000	735	0.00036	0.00000	0.00000
665	0.04366	0.00021	0.00000	740	0.00025	0.00000	0.00000
670	0.03149	0.00011	0.00000	745	0.00017	0.00000	0.00000
675	0.02294	0.00006	0.00000	750	0.00012	0.00000	0.00000
680	0.01687	0.00003	0.00000	755	0.00008	0.00000	0.00000
685	0.01187	0.00001	0.00000	760	0.00006	0.00000	0.00000
690	0.00819	0.00000	0.00000	765	0.00004	0.00000	0.00000
695	0.00572	0.00000	0.00000	770	0.00003	0.00000	0.00000
700	0.00410	0.00000	0.00000	775	0.00001	0.00000	0.00000
705	0.00291	0.00000	0.00000	780	0.00000	0.00000	0.00000
710	0.00210	0.00000	0.00000				

附录二　CIE 1931 标准色度观察者光谱三刺激值

λ/nm	分 布 系 数			色 度 坐 标		
	$\overline{x}(\lambda)$	$\overline{y}(\lambda)$	$\overline{z}(\lambda)$	$x(\lambda)$	$y(\lambda)$	$z(\lambda)$
380	0.0014	0.0000	0.0065	0.1741	0.0050	0.9209
385	0.0022	0.0001	0.0105	0.1740	0.0050	0.8210
390	0.0042	0.0001	0.0201	0.1738	0.0049	0.8213
395	0.0076	0.0002	0.0362	0.1736	0.0049	0.8215
400	0.0143	0.0002	0.0360	0.1736	0.0048	0.8219
405	0.0232	0.0006	0.1102	0.1730	0.0048	0.8222
410	0.0435	0.0012	0.2074	0.1726	0.0048	0.8226
415	0.0070	0.0022	0.3713	0.1721	0.0048	0.8231
420	0.1344	0.0040	0.6466	0.17147	0.0051	0.8235
425	0.2148	0.0073	1.0391	0.1703	0.0053	0.8239
430	0.2839	0.0116	1.3866	0.1389	0.0069	0.8242
435	0.3285	0.0168	1.6230	0.1669	0.0086	0.8245
440	0.3483	0.0230	1.7471	0.1644	0.0109	0.8247
445	0.3418	0.0298	1.7826	0.1611	0.0138	0.8251
450	0.3362	0.0380	1.7721	0.1566	0.0177	0.8257
455	0.3187	0.0480	1.7441	0.1510	0.0227	0.8263
460	0.2908	0.0600	1.6692	0.1440	0.0297	0.8263
465	0.2511	0.0739	1.5281	0.1355	0.0399	0.8246
470	0.1954	0.0910	1.2876	0.1241	0.0578	0.8181
475	0.1421	0.1126	1.0419	0.1096	0.0868	0.8036
480	0.0956	0.1390	0.8130	0.0913	0.1327	0.7760
485	0.0580	0.1693	0.6162	0.0687	0.2097	0.7306

λ/nm	分 布 系 数			色 度 坐 标		
	$\overline{x}(\lambda)$	$\overline{y}(\lambda)$	$\overline{z}(\lambda)$	$x(\lambda)$	$y(\lambda)$	$z(\lambda)$
490	0.0320	0.2080	0.4652	0.0464	0.2950	0.6596
495	0.0147	0.2586	0.3533	0.0235	0.4127	0.5638
500	0.0049	0.3230	0.2720	0.0082	0.5384	0.4534
505	0.0024	0.4073	0.2123	0.0039	0.6548	0.3413
510	0.0093	0.5030	0.1582	0.0139	0.7502	0.2359
515	0.0291	0.6082	0.1117	0.0389	0.8120	0.1491
520	0.0633	0.7100	0.0782	0.0743	0.8338	0.0919
525	0.1096	0.7932	0.0573	0.1142	0.8262	0.0596
530	0.1655	0.8620	0.0422	0.1547	0.8059	0.0394
535	0.2257	0.9149	0.0298	0.1929	0.7316	0.0255
540	0.2904	0.9540	0.0203	0.2296	0.7543	0.0161
545	0.3597	0.9803	0.0134	0.2658	0.7243	0.0099
550	0.4334	0.9950	0.0087	0.3016	0.6923	0.0061
555	0.5121	1.0000	0.0057	0.3373	0.6589	0.0038
560	0.5945	0.9950	0.0039	0.3731	0.6245	0.0024
565	0.6784	0.9786	0.0027	0.4087	0.5896	0.0017
570	0.7621	0.9520	0.0021	0.4441	0.5547	0.0012
575	0.8425	0.9154	0.0018	0.4788	0.4866	0.0009
580	0.9163	0.8700	0.0017	0.5125	0.4866	0.0009
585	0.9786	0.8163	0.0014	0.5446	0.4544	0.0008
590	1.0263	0.7570	0.0011	0.5752	0.4242	0.0006
595	1.0567	0.6949	0.0010	0.6029	0.3965	0.0006
600	1.0622	0.6310	0.0008	0.6270	0.3725	0.0005
605	1.0456	0.5668	0.0006	0.6482	0.3514	0.0004
610	1.0026	0.5030	0.0003	0.6658	0.3340	0.0002
615	0.9384	0.4412	0.0002	0.6801	0.3197	0.0002
620	0.8544	0.3810	0.0002	0.6915	0.3083	0.0002
625	0.7514	0.3210	0.0001	0.7006	0.2993	0.0001
630	0.6424	0.2650	0.0000	0.7079	0.2920	0.0001
635	0.5419	0.2170	0.0000	0.7140	0.2859	0.0001
640	0.4479	0.1750	0.0000	0.7190	0.2809	0.0001
645	0.3608	0.1382	0.0000	0.7230	0.2770	0.0000
650	0.2935	0.1070	0.0000	0.7260	0.2740	0.0000
655	0.2187	0.0816	0.0000	0.7283	0.2717	0.0000
660	0.1649	0.0610	0.0000	0.7300	0.2703	0.0000
665	0.1212	0.0446	0.0000	0.7327	0.2689	0.0000
670	0.0847	0.0320	0.0000	0.7334	0.2680	0.0000
675	0.0636	0.0232	0.0000	0.7340	0.2673	0.0000
680	0.0468	0.0170	0.0000	0.7344	0.2666	0.0000
685	0.0329	0.0119	0.0000	0.7346	0.2660	0.0000
690	0.0227	0.0082	0.0000	0.7347	0.2656	0.0000
695	0.0158	0.0057	0.0000	0.7347	0.2654	0.0000
700	0.0114	0.0041	0.0000	0.7347	0.2653	0.0000
705	0.0081	0.0029	0.0000	0.7347	0.2653	0.0000
710	0.0058	0.0015	0.0000	0.7347	0.2653	0.0000

续表

λ/nm	分布系数			色度坐标		
	$\overline{x}(\lambda)$	$\overline{y}(\lambda)$	$\overline{z}(\lambda)$	$x(\lambda)$	$y(\lambda)$	$z(\lambda)$
715	0.0041	0.0010	0.0000	0.7347	0.2653	0.0000
720	0.0029	0.0007	0.0000	0.7347	0.2653	0.0000
725	0.0020	0.0005	0.0000	0.7347	0.2653	0.0000
730	0.0014	0.0004	0.0000	0.7347	0.2653	0.0000
735	0.0010	0.0002	0.0000	0.7347	0.2653	0.0000
740	0.0007	0.0002	0.0000	0.7347	0.2653	0.0000
745	0.0005	0.0001	0.0000	0.7347	0.2653	0.0000
750	0.0003	0.0001	0.0000	0.7347	0.2653	0.0000
755	0.0002	0.0001	0.0000	0.7347	0.2653	0.0000
760	0.0002	0.0000	0.0000	0.7347	0.2653	0.0000
765	0.0001	0.0000	0.0000	0.7347	0.2653	0.0000
770	0.0001	0.0000	0.0000	0.7347	0.2653	0.0000
775	0.0001	0.0000	0.0000	0.7347	0.2653	0.0000
780	0.0000	0.0000	0.0000	0.7347	0.2653	0.0000

附录三　CIE 1964-RGB 系统补充标准色度观察者光谱三刺激值

$\overline{\nu}/cm^{-1}$	光谱三刺激值		
	$\overline{r}_{10}(\nu)$	$\overline{g}_{10}(\nu)$	$\overline{b}_{10}(\nu)$
27750	0.000000079100	−0.000000021447	0.000000307299
27500	0.00000029891	−0.00000008125	0.00000116475
27250	0.00000108348	−0.00000029533	0.00000423733
27000	0.0000037522	−0.0000010271	0.0000147506
26750	0.0000123776	−0.0000034057	0.000048982
26500	0.000038728	−0.000010728	0.000154553
26250	0.000114541	−0.000032004	0.000462055
26000	0.00031905	−0.00009006	0.00130350
25750	0.00083216	−0.00023807	0.00345702
25500	0.00201685	−0.00058813	0.00857776
25250	0.0045233	−0.0013519	0.0198315
25000	0.0093283	−0.0028770	0.0425057
24750	0.0176116	−0.0056200	0.0840402
24500	0.030120	−0.010015	0.152451
24250	0.045571	−0.016044	0.251453
24000	0.060154	−0.022951	0.374271
23750	0.071261	−0.029362	0.514950
23500	0.074212	−0.032793	0.648306
23250	0.068535	−0.032357	0.770262
23000	0.055848	−0.027996	0.883628

续表

$\bar{\nu}/\text{cm}^{-1}$	光谱三刺激值		
	$\bar{r}_{10}(\nu)$	$\bar{g}_{10}(\nu)$	$\bar{b}_{10}(\nu)$
22750	0.033049	-0.017332	0.965742
22500	0.000000	0.000000	1.000000
22250	-0.041570	0.024936	0.987224
22000	-0.088073	0.057100	0.942474
21750	-0.143959	0.099886	0.863537
21500	-0.207995	0.150955	0.762081
21250	-0.285499	0.218942	0.630116
21000	-0.346240	0.287846	0.469818
20750	-0.388289	0.357723	0.333077
20500	-0.426587	0.435138	0.227060
20250	-0.435789	0.513218	0.151027
20000	-0.438549	0.614637	0.095840
19750	-0.404927	0.720251	0.057654
19500	-0.333995	0.830003	0.029877
19250	0.201889	0.933227	0.012874
19000	0.000000	1.000000	0.000000
18750	0.255754	1.042957	-0.008854
18500	0.556022	1.061343	-0.014341
18250	0.904637	1.031339	-0.017422
18000	1.314803	0.976838	-0.018644
17750	1.770322	0.887915	-0.017338
17500	2.236809	0.758780	-0.014812
17250	2.641981	0.603012	-0.011771
17000	3.002291	0.452300	-0.008829
16750	3.159249	0.306869	-0.005990
16500	3.064234	0.184057	-0.003593
16250	2.717232	0.094470	-0.001844
16000	2.191156	0.041693	-0.000815
15750	1.566864	0.013407	-0.000262
15500	1.000000	0.000000	0.000000
15250	0.575756	-0.002747	0.000054
15000	0.296964	-0.002029	0.000040
14750	0.138738	-0.001116	0.000022
14500	0.0602209	-0.0005130	0.000100
14250	0.0247724	-0.0002152	0.0000042
14000	0.00976319	-0.00008277	0.00000162
13750	0.00375328	-0.00003012	0.00000059
13500	0.00141908	-0.00001051	0.00000021
13250	0.000533169	-0.000003543	0.000000069
13000	0.000199730	-0.000001144	0.000000022
12750	0.0000743522	-0.0000003472	0.0000000068
12500	0.0000276506	-0.0000000961	0.0000000019
12250	0.0000102123	-0.0000000220	0.0000000004

注：ν 为波数，与波长的换算关系为 $\lambda = \dfrac{1}{\nu}$。

附录四 CIE 1964 补充标准色度
观察者光谱三刺激值

λ/nm	分 布 系 数			色 度 坐 标		
	$\bar{x}_{10}(\lambda)$	$\bar{y}_{10}(\lambda)$	$\bar{z}_{10}(\lambda)$	$x_{10}(\lambda)$	$y_{10}(\lambda)$	$z_{10}(\lambda)$
380	0.0002	0.0000	0.0007	0.1813	0.0197	0.7990
385	0.0007	0.0001	0.0029	0.1809	0.0195	0.7996
390	0.0024	0.0003	0.0105	0.1803	0.0194	0.8003
395	0.0072	0.0008	0.0323	0.1795	0.0190	0.8015
400	0.0191	0.0020	0.0860	0.1784	0.0187	0.8029
405	0.0434	0.0045	0.1971	0.1771	0.0184	0.8045
410	0.0847	0.0088	0.3894	0.1755	0.0181	0.8064
415	0.1406	0.0145	0.6568	0.1732	0.0178	0.8090
420	0.2045	0.0214	0.9725	0.1706	0.0179	0.8115
425	0.2647	0.0295	1.2825	0.1679	0.0187	0.8134
430	0.3147	0.0387	1.5535	0.1650	0.0203	0.8115
435	0.3577	0.0496	1.7985	0.1622	0.0225	0.8153
440	0.3837	0.0621	1.9673	0.1590	0.0257	0.8153
445	0.3867	0.0747	2.0273	0.1554	0.0300	0.8145
450	0.3707	0.0895	1.9943	0.1510	0.0364	0.8126
455	0.3430	0.1063	1.9007	0.1459	0.0452	0.8038
460	0.3023	0.1282	1.7454	0.1689	0.0589	0.8022
465	0.2541	0.1528	1.5549	0.1295	0.0779	0.7926
470	0.1956	0.1852	1.3176	0.1152	0.1090	0.7758
475	0.1323	0.2199	1.0302	0.0957	0.1591	0.7452
480	0.0805	0.2536	0.7721	0.0728	0.2292	0.6980
485	0.0411	0.2977	0.5701	0.0452	0.3275	0.6273
490	0.0162	0.3391	0.4153	0.0210	0.4401	0.5389
495	0.0051	0.3954	0.3024	0.0073	0.5625	0.4302
500	0.0038	0.4608	0.2185	0.0056	0.6745	0.3199
505	0.0154	0.5314	0.1592	0.0219	0.7526	0.2256
510	0.0375	0.6067	0.1120	0.0495	0.8023	0.1482
515	0.0714	0.6857	0.0822	0.0850	0.8170	0.0980
520	0.1177	0.7618	0.0607	0.1252	0.8102	0.0646
525	0.1730	0.8233	0.0431	0.1664	0.7922	0.0414
530	0.2305	0.8752	0.0305	0.2071	0.7663	0.0267
535	0.3042	0.9238	0.0206	0.2436	0.7399	0.0165
540	0.3768	0.9620	0.0137	0.2786	0.7113	0.0101
545	0.4516	0.9822	0.0079	0.3132	0.6813	0.0055
550	0.5298	0.9918	0.0040	0.3473	0.6501	0.0026
555	0.6161	0.9991	0.0011	0.3812	0.6182	0.0007
560	0.7052	0.9973	0.0000	0.4142	0.5858	0.0000
565	0.7938	0.9824	0.0000	0.4469	0.5531	0.0000
570	0.8787	0.9556	0.0000	0.4790	0.5210	0.0000
575	0.9512	0.9152	0.0000	0.5096	0.4904	0.0000

续表

λ/nm	分 布 系 数			色 度 坐 标		
	$\overline{x}_{10}(\lambda)$	$\overline{y}_{10}(\lambda)$	$\overline{z}_{10}(\lambda)$	$x_{10}(\lambda)$	$y_{10}(\lambda)$	$z_{10}(\lambda)$
580	1.0142	0.8698	0.0000	0.5386	0.4614	0.0000
585	1.0743	0.8256	0.0000	0.5654	0.4346	0.0000
590	1.1185	0.7774	0.0000	0.5900	0.4100	0.0000
595	1.1343	0.7204	0.0000	0.6116	0.3884	0.0000
600	1.1240	0.6537	0.0000	0.6306	0.3694	0.0000
605	1.0891	0.5939	0.0000	0.6471	0.3529	0.0000
610	1.0305	0.5280	0.0000	0.6612	0.3388	0.0000
615	0.9507	0.4618	0.0000	0.6731	0.3269	0.0000
620	0.8563	0.3981	0.0000	0.6827	0.3173	0.0000
625	0.7549	0.3396	0.0000	0.6898	0.3102	0.0000
630	0.6475	0.2835	0.0000	0.6955	0.3045	0.0000
635	0.5351	0.2283	0.0000	0.7010	0.2990	0.0000
640	0.4316	0.1798	0.0000	0.7059	0.2941	0.0000
645	0.3437	0.1402	0.0000	0.7103	0.2898	0.0000
650	0.2683	0.1076	0.0000	0.7137	0.2863	0.0000
655	0.2043	0.0812	0.0000	0.7156	0.2844	0.0000
660	0.1526	0.0603	0.0000	0.7168	0.2832	0.0000
665	0.1122	0.0441	0.0000	0.7179	0.2821	0.0000
670	0.0813	0.0318	0.0000	0.7187	0.2813	0.0000
675	0.0579	0.0226	0.0000	0.7193	0.2807	0.0000
680	0.0409	0.0159	0.0000	0.7189	0.2802	0.0000
685	0.0286	0.0111	0.0000	0.7200	0.2800	0.0000
690	0.0199	0.0077	0.0000	0.7202	0.2798	0.0000
695	0.0138	0.0054	0.0000	0.7203	0.2797	0.0000
700	0.0096	0.0037	0.0000	0.7204	0.2796	0.0000
705	0.0066	0.0026	0.0000	0.7203	0.2797	0.0000
710	0.0046	0.0018	0.0000	0.7202	0.2798	0.0000
715	0.0031	0.0012	0.0000	0.7201	0.2799	0.0000
720	0.0022	0.0008	0.0000	0.7199	0.2801	0.0000
725	0.0015	0.0006	0.0000	0.7197	0.2803	0.0000
730	0.0010	0.0004	0.0000	0.7195	0.2806	0.0000
735	0.0007	0.0003	0.0000	0.7192	0.2808	0.0000
740	0.0005	0.0002	0.0000	0.7189	0.2811	0.0000
745	0.0004	0.0001	0.0000	0.7186	0.2814	0.0000
750	0.0003	0.0001	0.0000	0.7183	0.2817	0.0000
755	0.0002	0.0001	0.0000	0.7180	0.2820	0.0000
760	0.0001	0.0000	0.0000	0.7176	0.2824	0.0000
765	0.0001	0.0000	0.0000	0.7172	0.0000	0.0000
770	0.0001	0.0000	0.0000	0.7161	0.2839	0.0000
775	0.0000	0.0000	0.0000	0.7165	0.2835	0.0000
780	0.0000	0.0000	0.0000	0.7161	0.2839	0.0000

附录五　CIE-XYZ 系统权重分布系数

表 5-1　CIE 标准照明体 A、B、C（2°视野，$\lambda = 380 \sim 770\text{nm}$；$\Delta\lambda = 10\text{nm}$）

λ/nm	A			B			C		
	$s(\lambda)\overline{x}(\lambda)$	$s(\lambda)\overline{y}(\lambda)$	$s(\lambda)\overline{z}(\lambda)$	$s(\lambda)\overline{x}(\lambda)$	$s(\lambda)\overline{y}(\lambda)$	$s(\lambda)\overline{z}(\lambda)$	$s(\lambda)\overline{x}(\lambda)$	$s(\lambda)\overline{y}(\lambda)$	$s(\lambda)\overline{z}(\lambda)$
380	0.001	0.000	0.006	0.003	0.000	0.014	0.004	0.000	0.020
390	0.005	0.000	0.023	0.013	0.000	0.060	0.019	0.000	0.089
400	0.019	0.001	0.093	0.056	0.002	0.268	0.085	0.002	0.404
410	0.071	0.002	0.340	0.217	0.006	1.033	0.329	0.009	1.570
420	0.262	0.008	1.256	0.812	0.024	3.899	1.238	0.037	5.949
430	0.649	0.027	3.167	1.983	0.081	9.678	2.997	0.122	14.628
440	0.926	0.061	4.647	2.689	0.178	13.489	3.975	0.262	19.938
450	1.031	0.117	5.435	2.744	0.310	14.462	3.915	0.443	20.638
460	1.091	0.210	5.851	2.454	0.506	14.085	3.362	0.694	19.299
470	0.776	0.362	5.116	1.718	0.800	11.319	2.272	1.058	14.972
480	0.428	0.622	3.636	0.870	1.265	7.396	1.112	1.618	9.461
490	0.160	1.039	2.324	0.295	1.918	4.290	0.363	2.358	5.274
500	0.027	1.792	1.509	0.044	2.908	2.449	0.052	3.401	2.864
510	0.057	3.080	0.969	0.081	4.360	1.371	0.089	4.833	1.520
520	0.425	4.771	0.525	0.541	6.072	0.669	0.576	6.462	0.712
530	1.214	6.322	0.309	1.458	7.594	0.372	1.523	7.934	0.388
540	2.313	7.600	0.162	2.689	8.834	0.188	2.785	9.149	0.195
550	3.732	8.568	0.075	4.183	9.603	0.084	4.282	9.832	0.086
560	5.510	9.222	0.036	5.810	9.774	0.038	5.880	9.841	0.039
570	7.571	9.457	0.021	7.472	9.334	0.021	7.322	9.147	0.020
580	9.719	9.228	0.018	8.843	8.396	0.016	8.417	7.992	0.016
590	11.579	8.540	0.012	9.728	7.176	0.010	8.984	6.627	0.010
600	12.704	7.547	0.010	9.948	5.909	0.007	8.949	5.316	0.007
610	12.669	6.356	0.004	9.436	4.734	0.003	8.325	4.176	0.002
620	11.373	5.071	0.003	8.140	3.630	0.002	7.070	3.153	0.002
630	8.980	3.704	0.000	6.200	2.558	0.000	5.309	2.190	0.000
640	6.558	2.562	0.000	4.374	1.709	0.000	3.693	1.443	0.000
650	4.336	1.637	0.000	2.815	1.062	0.000	2.349	0.886	0.000
660	2.628	0.972	0.000	1.655	0.612	0.000	1.361	0.504	0.000
670	1.448	0.530	0.000	0.876	0.321	0.000	0.708	0.259	0.000
680	0.804	0.292	0.000	0.465	0.169	0.000	0.369	0.134	0.000
690	0.404	0.146	0.000	0.220	0.080	0.000	0.171	0.062	0.000
700	0.209	0.075	0.000	0.108	0.039	0.000	0.082	0.029	0.000
710	0.110	0.040	0.000	0.053	0.019	0.000	0.039	0.014	0.000
720	0.057	0.019	0.000	0.026	0.009	0.000	0.019	0.006	0.000
730	0.028	0.010	0.000	0.012	0.004	0.000	0.008	0.003	0.000
740	0.014	0.006	0.000	0.006	0.002	0.000	0.004	0.002	0.000
750	0.006	0.002	0.000	0.002	0.001	0.000	0.002	0.001	0.000
760	0.004	0.002	0.000	0.002	0.001	0.000	0.001	0.001	0.000
770	0.002	0.000	0.000	0.001	0.000	0.000	0.001	0.000	0.000
总和(x,y,z)	109.828	100.000	35.547	99.072	100.000	85.223	98.041	100.000	118.103
(x,y,z)	0.4476	0.4075	0.1449	0.0349	0.3517	0.2998	0.3101	0.3163	0.3736
(u,v)	0.2560	0.3495		0.2137	0.3234		0.2009	0.3073	

表 5-2　CIE 标准照明体 D₅₅、D₆₅、D₇₅（2°视野，λ＝380～770nm；Δλ＝10nm）

λ/nm	D₅₅			D₆₅			D₇₅		
	$s(\lambda)\bar{x}(\lambda)$	$s(\lambda)\bar{y}(\lambda)$	$s(\lambda)\bar{z}(\lambda)$	$s(\lambda)\bar{x}(\lambda)$	$s(\lambda)\bar{y}(\lambda)$	$s(\lambda)\bar{z}(\lambda)$	$s(\lambda)\bar{x}(\lambda)$	$s(\lambda)\bar{y}(\lambda)$	$s(\lambda)\bar{z}(\lambda)$
380	0.004	0.000	0.020	0.006	0.000	0.031	0.009	0.000	0.040
390	0.015	0.000	0.073	0.022	0.001	0.104	0.028	0.001	0.132
400	0.083	0.002	0.394	0.112	0.003	0.531	0.137	0.004	0.649
410	0.284	0.008	1.354	0.377	0.010	1.795	0.457	0.013	2.180
420	0.915	0.027	4.398	1.188	0.035	5.708	1.424	0.042	6.840
430	1.834	0.075	8.951	2.329	0.095	11.365	2.749	0.112	13.419
440	2.836	0.187	14.228	3.456	0.288	17.336	3.965	0.262	19.889
450	3.135	0.354	16.523	3.722	0.421	19.621	4.200	0.475	22.139
460	2.781	0.574	15.960	3.242	0.669	18.608	3.617	0.746	20.759
470	1.857	0.865	12.239	2.123	0.989	13.995	2.336	1.088	15.397
480	0.935	1.358	7.943	1.049	1.525	8.917	1.139	1.656	9.683
490	0.299	1.942	4.342	0.330	2.142	4.790	0.354	2.302	5.147
500	0.047	3.095	2.606	0.051	3.342	2.815	0.054	3.538	2.979
510	0.089	4.819	1.516	0.095	5.131	1.614	0.099	5.372	1.690
520	0.602	6.755	0.744	0.627	7.040	0.776	0.646	7.249	0.799
530	1.641	8.546	0.418	1.686	8.784	0.430	1.716	8.939	0.437
540	2.821	9.267	0.197	2.869	9.425	0.210	2.900	9.526	0.203
550	4.248	9.750	0.086	4.267	9.796	0.086	4.271	9.804	0.086
560	5.656	9.467	0.037	5.625	9.415	0.037	5.584	9.346	0.037
570	7.048	8.804	0.019	6.947	8.678	0.019	6.843	8.549	0.019
580	8.517	8.087	0.015	8.305	7.886	0.015	8.108	7.698	0.015
590	8.925	6.583	0.010	8.613	6.353	0.009	8.387	6.186	0.009
600	9.540	5.667	0.007	9.047	5.374	0.007	8.700	5.168	0.007
610	9.017	4.551	0.003	8.500	4.265	0.003	8.108	4.068	0.003
620	7.658	3.415	0.002	7.091	3.162	0.002	6.710	2.992	0.001
630	5.525	2.279	0.000	5.063	2.089	0.000	4.749	1.959	0.000
640	3.933	1.537	0.000	3.547	1.386	0.000	3.298	1.289	0.000
650	2.398	0.905	0.000	2.147	0.810	0.000	1.992	0.752	0.000
660	1.417	0.524	0.000	1.252	0.463	0.000	1.151	0.426	0.000
670	0.781	0.286	0.000	0.680	0.249	0.000	0.619	0.227	0.000
680	0.400	0.146	0.000	0.346	0.126	0.000	0.315	0.114	0.000
690	0.172	0.062	0.000	0.150	0.054	0.000	0.136	0.049	0.000
700	0.089	0.032	0.000	0.077	0.028	0.000	0.069	0.025	0.000
710	0.047	0.017	0.000	0.041	0.015	0.000	0.037	0.013	0.000
720	0.019	0.007	0.000	0.017	0.006	0.000	0.015	0.006	0.000
730	0.011	0.004	0.000	0.010	0.003	0.000	0.009	0.003	0.000
740	0.006	0.002	0.020	0.005	0.002	0.000	0.004	0.002	0.000
750	3002.000	0.001	0.000	0.002	0.001	0.000	0.002	0.001	0.000
760	0.001	0.000	0.000	0.001	0.000	0.000	0.001	0.000	0.000
770	0.001	0.000	0.000	0.001	0.000	0.000	0.000	0.000	0.000
总和(x,y,z)	95.642	100.000	92.085	95.017	100.000	108.813	94.939	100.000	122.558
(x,y,z)	0.3324	0.3476	0.3200	0.3127	0.3291	0.3581	0.2990	0.3150	0.3860
(u,v)	0.2044	0.3205		0.1978	0.3122		0.1935	0.3057	

表 5-3　CIE 标准照明体 A、B、C（10°视野，$\lambda = 380 \sim 770$nm；$\Delta\lambda = 10$nm）

λ/nm	A			B			C		
	$S(\lambda)\bar{x}_{10}(\lambda)$	$S(\lambda)\bar{y}_{10}(\lambda)$	$S(\lambda)\bar{z}_{10}(\lambda)$	$S(\lambda)\bar{x}_{10}(\lambda)$	$S(\lambda)\bar{y}_{10}(\lambda)$	$S(\lambda)\bar{z}_{10}(\lambda)$	$S(\lambda)\bar{x}_{10}(\lambda)$	$S(\lambda)\bar{y}_{10}(\lambda)$	$S(\lambda)\bar{z}_{10}(\lambda)$
380	0.000	0.000	0.001	0.000	0.000	0.002	0.001	0.000	0.002
390	0.003	0.000	0.011	0.007	0.001	0.029	0.009	0.001	0.043
400	0.025	0.003	0.111	0.070	0.007	0.313	0.103	0.011	0.463
410	0.132	0.014	0.605	0.388	0.040	1.786	0.581	0.060	2.672
420	0.377	0.040	1.795	1.137	0.119	5.411	1.708	0.179	8.122
430	0.682	0.083	3.368	2.025	0.249	9.997	3.011	0.370	14.865
440	0.968	0.156	4.962	2.729	0.442	13.994	3.969	0.643	20.349
450	1.078	0.260	5.802	2.787	0.673	14.997	3.914	0.945	21.058
460	1.005	0.426	5.802	2.350	0.997	13.568	3.168	1.343	18.292
470	0.737	0.698	4.965	1.585	1.500	10.671	2.062	1.952	13.887
480	0.341	1.076	3.274	0.674	2.125	6.470	0.849	2.675	8.144
490	0.076	1.607	1.968	0.137	2.880	3.528	0.167	3.484	4.268
500	0.020	2.424	1.150	0.032	3.822	1.812	0.037	4.398	2.085
510	0.218	3.523	0.650	0.299	4.845	0.894	0.327	5.284	0.976
520	0.750	4.854	0.387	0.927	6.002	0.478	0.971	6.285	0.501
530	1.644	6.086	0.212	1.920	7.103	0.247	1.973	7.302	0.255
540	2.847	4.267	0.104	3.214	8.207	0.117	3.275	8.362	0.119
550	4.326	8.099	0.033	4.711	8.818	0.035	4.744	8.882	0.036
560	6.198	8.766	0.000	6.382	9.025	0.000	6.322	8.941	0.000
570	8.277	9.002	0.000	7.936	8.630	0.000	7.653	8.322	0.000
580	10.201	8.740	0.000	9.017	7.726	0.000	8.444	7.235	0.000
590	11.967	8.317	0.000	9.768	6.789	0.000	8.874	6.168	0.000
600	12.748	7.466	0.000	9.697	5.679	0.000	8.583	5.027	0.000
610	12.349	6.327	0.000	8.935	4.579	0.000	7.756	3.974	0.000
620	10.809	5.026	0.000	7.515	3.494	0.000	6.422	2.986	0.000
630	8.583	3.758	0.000	5.757	2.520	0.000	4.851	2.124	0.000
640	5.992	2.496	0.000	3.883	1.618	0.000	3.226	1.344	0.000
650	3.892	1.561	0.000	2.454	0.984	0.000	2.014	0.808	0.000
660	2.306	0.911	0.000	1.410	0.557	0.000	1.142	0.451	0.000
670	1.277	0.499	0.000	0.751	0.294	0.000	0.598	0.233	0.000
680	0.666	0.259	0.000	0.374	0.145	0.000	0.293	0.114	0.000
690	0.336	0.130	0.000	0.178	0.069	0.000	0.136	0.053	0.000
700	0.167	0.064	0.000	0.084	0.033	0.000	0.062	0.024	0.000
710	0.083	0.033	0.000	0.039	0.015	0.000	0.028	0.011	0.000
720	0.040	0.015	0.000	0.018	0.006	0.000	0.013	0.004	0.000
730	0.019	0.008	0.000	0.008	0.004	0.000	0.005	0.003	0.000
740	0.010	0.004	0.000	0.004	0.002	0.000	0.003	0.001	0.000
750	0.006	0.002	0.000	0.003	0.001	0.000	0.002	0.001	0.000
760	0.002	0.000	0.000	0.001	0.000	0.000	0.001	0.000	0.000
770	0.002	0.000	0.000	0.001	0.000	0.000	0.001	0.000	0.000
总和(x,y,z)	111.159	100.000	35.200	99.207	100.000	84.349	97.298	100.000	116.137
(x,y,z)	0.4512	0.4059	0.1429	0.3499	0.3526	0.2975	0.3104	0.3191	0.3705
(u,v)	0.2590	0.3494		0.2143	0.3239		0.2000	0.3084	

表 5-4　CIE 标准照明体 D_{55}、D_{65}、D_{75}

（10°视野，$\lambda = 380 \sim 770\text{nm}$；$\Delta\lambda = 10\text{nm}$）

λ/nm	D_{55}			D_{65}			D_{75}		
	$S(\lambda)$ $\bar{x}_{10}(\lambda)$	$S(\lambda)$ $\bar{y}_{10}(\lambda)$	$S(\lambda)$ $\bar{z}_{10}(\lambda)$	$S(\lambda)$ $\bar{x}_{10}(\lambda)$	$S(\lambda)$ $\bar{y}_{10}(\lambda)$	$S(\lambda)$ $\bar{z}_{10}(\lambda)$	$S(\lambda)$ $\bar{x}_{10}(\lambda)$	$S(\lambda)$ $\bar{y}_{10}(\lambda)$	$S(\lambda)$ $\bar{z}_{10}(\lambda)$
380	0.000	0.000	0.002	0.001	0.000	0.003	0.001	0.000	0.004
390	0.008	0.001	0.035	0.011	0.001	0.049	0.014	0.002	0.062
400	0.102	0.011	0.458	0.136	0.014	0.613	0.165	0.017	0.744
410	0.507	0.052	2.330	0.667	0.069	3.066	0.805	0.083	3.698
420	1.277	0.134	6.075	1.644	0.172	7.820	1.958	0.205	9.311
430	1.864	0.229	9.203	2.348	0.289	11.589	2.754	0.338	13.593
440	2.866	0.464	14.692	3.463	0.560	17.755	3.947	0.639	20.236
450	3.170	0.765	17.056	3.733	0.901	20.088	4.180	1.010	22.517
460	2.650	1.124	15.304	3.065	1.300	17.697	3.397	1.441	19.613
470	1.705	1.614	11.484	1.934	1.831	13.025	2.113	2.001	14.235
480	0.721	2.272	6.918	0.803	2.530	7.703	0.866	2.729	8.309
490	0.138	2.903	3.554	0.151	3.176	3.889	0.162	3.391	4.152
500	0.034	4.048	1.920	0.036	4.337	2.056	0.038	4.560	2.162
510	0.329	5.331	0.984	0.348	5.629	1.040	0.362	5.855	1.081
520	1.027	6.646	0.530	1.062	6.870	0.548	1.086	7.028	0.560
530	2.150	7.957	0.277	2.192	8.112	0.282	2.216	8.201	0.285
540	3.356	8.569	0.122	3.385	8.644	0.123	3.399	8.679	0.123
550	4.761	8.912	0.036	4.744	8.881	0.036	4.717	8.830	0.036
560	6.153	8.701	0.000	6.069	8.583	0.000	5.985	8.465	0.000
570	7.451	8.103	0.000	7.285	7.922	0.000	7.129	7.753	0.000
580	8.645	7.407	0.000	8.361	7.163	0.000	8.108	6.947	0.000
590	8.919	6.199	0.000	8.537	5.934	0.000	8.259	5.740	0.000
600	9.257	5.422	0.000	8.707	5.100	0.000	8.318	4.872	0.000
610	8.550	4.381	0.000	7.946	4.071	0.000	7.530	3.858	0.000
620	7.038	3.271	0.000	6.463	3.004	0.000	6.076	2.824	0.000
630	5.107	2.236	0.000	4.641	2.031	0.000	4.325	1.894	0.000
640	3.475	1.448	0.000	3.109	1.295	0.000	2.872	1.197	0.000
650	2.081	0.835	0.000	1.848	0.741	0.000	1.703	0.683	0.000
660	1.202	0.475	0.000	1.053	0.416	0.000	0.962	0.380	0.000
670	0.666	0.261	0.000	0.575	0.225	0.000	0.520	0.203	0.000
680	0.321	0.125	0.000	0.275	0.107	0.000	0.248	0.097	0.000
690	0.139	0.054	0.000	0.120	0.046	0.000	0.108	0.042	0.000
700	0.069	0.027	0.000	0.059	0.023	0.000	0.053	0.021	0.000
710	0.034	0.013	0.000	0.029	0.011	0.000	0.026	0.010	0.000
720	0.013	0.005	0.000	0.012	0.004	0.000	0.010	0.004	0.000
730	0.007	0.003	0.000	0.006	0.002	0.000	0.006	0.002	0.000
740	0.004	0.001	0.000	0.003	0.001	0.000	0.003	0.001	0.000
750	0.002	0.001	0.000	0.001	0.001	0.003	0.001	0.000	0.004
760	0.001	0.000	0.000	0.001	0.000	0.000	0.000	0.000	0.000
770	0.000	0.000	0.000	0.000	0.000	0.000	0.000	0.000	0.000
总和(x,y,z)	95.800	100.000	90.980	94.825	100.000	107.381	94.428	100.000	120.721
(x,y,z)	0.3341	0.3487	0.3172	0.3138	0.3309	0.3553	0.2996	0.3173	0.3831
(u,v)	0.2051	0.3211		0.1979	0.3130		0.1930	0.3066	

附录六　X、Y、Z 与 V_X、V_Y、V_Z 的关系

X、Y、Z	V_X	V_Y	V_Z	X、Y、Z	V_X	V_Y	V_Z	X、Y、Z	V_X	V_Y	V_Z
0.0	0.000	0.000	0.000	4.2	2.401	2.374	2.160	8.4	3.419	3.386	3.124
0.1	0.085	0.083	0.070	4.3	2.432	2.405	2.190	8.5	3.438	3.406	3.142
0.2	0.172	0.168	0.142	4.4	2.463	2.436	2.219	8.6	3.457	3.425	3.160
0.3	0.260	0.255	0.215	4.5	2.493	2.466	2.248	8.7	3.476	3.444	3.178
0.4	0.349	0.342	0.288	4.6	2.523	2.496	2.276	8.8	3.495	3.462	3.196
0.5	0.438	0.429	0.362	4.7	2.552	2.525	2.304	8.9	3.514	3.418	3.214
0.6	0.526	0.516	0.436	4.8	2.581	2.554	2.331	9.0	3.532	3.499	3.231
0.7	0.613	0.601	0.509	4.9	2.609	2.582	2.358	9.1	3.551	3.518	3.248
0.8	0.697	0.621	0.582	5.0	2.637	2.610	2.385	9.2	3.569	3.536	3.266
0.9	0.780	0.765	0.653	5.1	2.665	2.637	2.411	9.3	3.587	3.540	3.283
1.0	0.859	0.844	0.722	5.2	2.692	2.665	2.437	9.4	3.605	3.572	3.300
1.1	0.936	0.920	0.790	5.3	2.719	2.691	2.463	9.5	3.623	3.590	3.317
1.2	1.010	0.993	0.856	5.4	2.746	2.718	2.488	9.6	3.641	3.607	3.333
1.3	1.031	1.063	0.920	5.5	2.772	2.744	2.513	9.7	3.659	3.625	3.350
1.4	1.149	1.131	0.982	5.6	2.798	2.769	2.537	9.8	3.676	3.643	3.367
1.5	1.215	1.196	1.042	5.7	2.823	2.795	2.561	9.9	3.694	3.660	3.383
1.6	1.279	1.259	1.101	5.8	2.849	2.820	2.585	10.0	3.711	3.677	3.399
1.7	1.340	1.320	1.157	5.9	2.874	2.845	2.609	10.1	3.728	3.694	3.416
1.8	1.398	1.378	1.212	6.0	2.898	2.869	2.632	10.2	3.745	3.711	3.432
1.9	1.455	1.434	1.264	6.1	2.922	2.893	2.655	10.3	3.762	3.728	3.448
2.0	1.510	1.489	1.316	6.2	2.947	2.917	2.678	10.4	3.779	3.745	3.463
2.1	1.563	1.541	1.365	6.3	2.970	2.941	2.700	10.5	3.796	3.761	3.479
2.2	1.614	1.592	1.414	6.4	2.994	2.964	2.723	10.6	3.813	3.778	3.495
2.3	1.664	1.642	1.460	6.5	3.017	2.987	2.745	10.7	3.829	3.795	3.510
2.4	1.712	1.689	1.506	6.6	3.040	3.010	2.766	10.8	3.846	3.811	3.526
2.5	1.759	1.736	1.560	6.7	3.063	3.033	2.788	10.9	3.862	3.827	3.541
2.6	1.804	1.781	1.593	6.8	3.085	3.055	2.809	11.0	3.879	3.843	3.557
2.7	1.848	1.825	1.635	6.9	3.108	3.078	2.830	11.1	3.895	3.859	3.572
2.8	1.891	1.868	1.676	7.0	3.130	3.099	2.851	11.2	3.911	3.875	3.587
2.9	1.933	1.909	1.715	7.1	3.152	3.121	2.872	11.3	3.927	3.891	3.602
3.0	1.974	1.950	1.754	7.2	3.173	3.143	2.892	11.4	3.943	3.907	3.617
3.1	2.014	1.990	1.792	7.3	3.195	3.164	2.913	11.5	3.958	3.923	3.632
3.2	2.053	2.029	1.819	7.4	3.216	3.185	2.933	11.6	3.974	3.928	3.646
3.3	2.091	2.066	1.865	7.5	3.237	3.206	2.953	11.7	3.99	3.954	3.661
3.4	2.128	2.103	1.911	7.6	3.258	3.227	2.972	11.8	4.005	3.969	3.676
3.5	2.165	2.140	1.935	7.7	3.279	3.247	2.992	11.9	4.021	3.985	3.690
3.6	2.200	2.175	1.969	7.8	3.299	3.268	3.011	12.0	4.036	4.000	3.704
3.7	2.235	2.210	2.033	7.9	3.319	3.288	3.030	12.1	4.051	4.015	3.719
3.8	2.270	2.244	2.035	8.0	3.340	3.308	3.049	12.2	4.067	4.030	3.733
3.9	2.303	2.278	2.067	8.1	3.360	3.323	3.068	12.3	4.082	4.045	3.747
4.0	2.336	2.310	2.019	8.2	3.379	3.347	3.087	12.4	4.097	4.060	3.761
4.1	2.369	2.343	2.130	8.3	3.399	3.367	3.106	12.5	4.112	4.075	3.775

续表

X、Y、Z	V_X	V_Y	V_Z	X、Y、Z	V_X	V_Y	V_Z	X、Y、Z	V_X	V_Y	V_Z
12.6	4.127	4.090	3.789	17.1	4.732	4.690	4.355	21.6	5.243	5.198	4.832
12.7	4.142	4.105	3.803	17.2	4.744	4.702	4.366	21.7	5.254	5.209	4.842
12.8	4.156	4.119	3.817	17.3	4.756	4.715	4.378	21.8	5.265	5.219	4.852
12.9	4.171	4.134	3.831	17.4	4.768	4.727	4.389	21.9	5.275	5.230	4.861
13.0	4.186	4.148	3.844	17.5	4.78	4.739	4.400	22.0	5.286	5.240	4.871
13.1	4.200	4.163	3.858	17.6	4.792	4.751	4.400	22.1	5.296	5.251	4.881
13.2	4.215	4.177	3.872	17.7	4.804	4.762	4.400	22.2	5.307	5.261	4.891
13.3	4.229	4.191	3.885	17.8	4.816	4.774	4.400	22.3	5.317	5.271	4.900
13.4	4.243	4.206	3.898	17.9	4.828	4.786	4.400	22.4	5.327	5.282	4.910
13.5	4.258	4.220	3.912	18.0	4.840	4.798	4.456	22.5	5.338	5.292	4.920
13.6	4.272	4.234	3.925	18.1	4.852	4.810	4.467	22.6	5.358	5.302	4.930
13.7	4.286	4.248	3.938	18.2	4.864	4.821	4.478	22.7	5.358	5.312	4.939
13.8	4.300	4.262	3.951	18.3	4.876	4.833	4.489	22.8	5.369	5.323	4.948
13.9	4.314	4.276	3.965	18.4	4.887	4.845	4.500	22.9	5.379	5.333	4.958
14.0	4.328	4.289	3.978	18.5	4.899	4.856	4.511	23.0	5.389	5.343	4.967
14.1	4.342	4.303	3.991	18.6	4.911	4.868	4.522	23.1	5.399	5.353	4.977
14.2	4.355	4.317	4.003	18.7	4.922	4.880	4.533	23.2	5.41	5.363	4.986
14.3	4.369	4.331	4.016	18.8	4.934	4.891	4.543	23.3	5.42	5.373	4.996
14.4	4.383	4.344	4.029	18.9	4.945	4.902	4.554	23.4	5.43	5.383	5.005
14.5	4.393	4.358	4.042	19.0	4.957	4.914	4.565	23.5	5.44	5.393	5.015
14.6	4.410	4.371	4.055	19.1	4.968	4.925	4.576	23.6	5.45	5.403	5.024
14.7	4.424	4.385	4.067	19.2	4.980	4.937	4.586	23.7	5.46	5.413	5.033
14.8	4.437	4.398	4.080	19.3	4.991	4.948	4.597	23.8	5.47	5.423	5.043
14.9	4.450	4.411	4.092	19.4	5.002	4.959	4.607	23.9	5.48	5.433	5.052
15.0	4.464	4.424	4.105	19.5	5.014	4.970	4.618	24.0	5.490	5.443	5.061
15.1	4.477	4.438	1.117	19.6	5.025	4.981	4.628	24.1	5.500	5.453	5.070
15.2	4.490	4.451	4.120	19.7	5.036	4.993	4.639	24.2	5.510	5.463	5.080
15.3	4.503	4.464	4.142	19.8	5.047	5.004	4.649	24.3	5.520	5.472	5.089
15.4	4.516	4.477	4.154	19.9	5.059	5.015	4.660	24.4	5.530	5.482	5.098
15.5	4.530	4.490	4.166	20.0	5.070	5.026	4.670	24.5	5.539	5.492	5.107
15.6	4.543	4.503	4.179	20.1	5.081	5.037	4.680	24.6	5.549	5.502	5.116
15.7	4.555	4.515	4.190	20.2	5.092	5.043	4.691	24.7	5.559	5.511	5.125
15.8	4.568	4.529	4.202	20.3	5.103	5.059	4.701	24.8	5.569	5.521	5.134
15.9	4.581	4.541	4.214	20.4	5.114	5.070	4.711	24.9	5.578	5.531	5.144
16.0	4.594	4.554	4.226	20.5	5.125	5.081	4.721	25.0	5.588	5.540	5.153
16.1	4.607	4.566	4.239	20.6	5.136	5.092	4.732	25.1	5.598	5.550	5.162
16.2	4.619	4.579	4.250	20.7	5.147	5.102	4.742	25.2	5.608	5.560	5.171
16.3	4.632	4.592	4.262	20.8	5.158	5.113	4.752	25.3	5.617	5.569	5.180
16.4	4.645	4.604	4.274	20.9	5.168	5.124	4.762	25.4	5.627	5.579	5.189
16.5	4.657	4.617	4.286	21.0	5.179	5.135	4.772	25.5	5.636	5.588	5.197
16.6	4.67	4.629	4.297	21.1	5.190	5.145	4.782	25.6	5.646	5.598	5.206
16.7	4.682	4.641	4.309	21.2	5.201	5.156	4.792	25.7	5.656	5.607	5.215
16.8	4.695	4.654	4.320	21.3	5.212	5.167	4.802	25.8	5.665	5.617	5.224
16.9	4.707	4.666	4.332	21.4	5.222	5.177	4.812	25.9	5.675	5.626	5.233
17.0	4.719	4.678	4.343	21.5	5.233	5.188	4.822	26.0	5.684	5.636	5.242

续表

X、Y、Z	V_X	V_Y	V_Z	X、Y、Z	V_X	V_Y	V_Z	X、Y、Z	V_X	V_Y	V_Z
26.1	5.694	5.645	5.251	30.6	6.099	6.047	5.627	35.1	6.469	6.414	5.971
26.2	5.703	5.654	5.259	30.7	6.107	6.055	5.635	35.2	6.477	6.422	5.979
26.3	5.713	5.664	5.268	30.8	6.116	6.064	5.643	35.3	6.485	6.430	5.986
26.4	5.722	5.673	5.277	30.9	6.124	6.072	5.651	35.4	6.493	6.438	5.993
26.5	5.731	5.682	5.286	31.0	6.133	6.081	5.659	35.5	6.501	6.446	6.001
26.6	5.741	5.692	5.294	31.1	6.141	6.089	5.667	35.6	6.508	6.453	6.008
26.7	5.750	5.701	5.303	31.2	6.150	6.098	5.675	35.7	6.516	6.461	6.015
26.8	5.759	5.710	5.313	31.3	6.158	6.106	5.683	35.8	6.524	6.469	6.022
26.9	5.769	5.719	5.320	31.4	6.167	6.114	5.690	35.9	6.532	6.477	6.030
27.0	5.778	5.728	5.329	31.5	6.175	6.123	5.698	36.0	6.540	6.484	6.037
27.1	5.787	5.738	5.337	31.6	6.184	6.131	5.706	36.1	6.547	6.492	6.044
27.2	5.796	5.747	5.346	31.7	6.192	6.140	5.714	36.2	6.555	6.500	6.051
27.3	5.805	5.756	5.355	31.8	6.200	6.143	5.722	36.3	6.563	6.508	6.058
27.4	5.815	5.765	5.363	31.9	6.209	6.156	5.729	36.4	6.571	6.515	6.066
27.5	5.824	5.774	5.372	32.0	6.217	6.165	5.737	36.5	6.578	6.524	6.073
27.6	5.833	5.783	5.380	32.1	6.226	6.173	5.745	36.6	6.586	6.531	6.080
27.7	5.842	5.792	5.389	32.2	6.234	6.181	5.753	36.7	6.594	6.538	6.087
27.8	5.851	5.801	5.397	32.3	6.242	6.189	5.760	36.8	6.601	6.546	6.094
27.9	5.860	5.810	5.406	32.4	6.251	6.198	5.768	36.9	6.609	6.553	6.101
28.0	5.869	5.819	5.414	32.5	6.259	6.206	5.776	37.0	6.617	6.561	6.109
28.1	5.878	5.828	5.422	32.6	6.267	6.214	5.784	37.1	6.624	6.559	6.116
28.2	5.887	5.837	5.431	32.7	6.275	6.222	5.791	37.2	6.632	6.576	6.123
28.3	5.896	5.846	5.439	32.8	6.284	6.230	5.799	37.3	6.640	6.584	6.130
28.4	5.905	5.855	5.448	32.9	6.292	6.239	5.804	37.4	6.647	6.591	6.137
28.5	5.914	5.864	5.456	33.0	6.300	6.247	5.814	37.5	6.655	6.599	6.141
28.6	5.923	5.873	5.464	33.1	6.308	6.255	5.822	37.6	6.662	6.606	6.151
28.7	5.932	5.882	5.472	33.2	6.316	6.263	5.829	37.7	6.670	6.614	6.158
28.8	5.941	5.891	5.481	33.3	6.325	6.271	5.837	37.8	6.678	6.621	6.165
28.9	5.95	5.900	5.489	33.4	6.333	6.279	5.845	37.9	6.685	6.629	6.172
29.0	5.959	5.908	5.497	33.5	6.341	6.287	5.852	38.0	6.693	6.636	6.179
29.1	5.968	5.917	5.506	33.6	6.349	6.295	5.860	38.1	6.700	6.644	6.186
29.2	5.977	5.926	5.514	33.7	6.357	6.303	5.867	38.2	6.708	6.651	6.193
29.3	5.986	5.935	5.522	33.8	6.365	6.311	5.875	38.3	6.175	6.659	6.200
29.4	5.994	5.946	5.530	33.9	6.373	6.319	5.882	38.4	6.723	6.666	6.207
29.5	6.003	5.952	5.538	34.0	6.381	6.327	5.890	38.5	6.730	6.673	6.214
29.6	6.012	5.961	5.546	34.1	6.389	6.335	5.897	38.6	6.738	6.681	6.221
29.7	6.021	5.970	5.555	34.2	6.397	6.343	5.905	38.7	6.745	6.688	6.228
29.8	6.029	5.978	5.563	34.3	6.405	6.351	5.912	38.8	6.752	6.696	6.235
29.9	6.038	5.987	5.571	34.4	6.413	6.359	5.920	38.9	6.760	6.703	6.242
30.0	6.017	5.995	5.579	34.5	6.421	6.367	5.927	39.0	6.767	6.710	6.248
30.1	6.055	6.004	5.587	34.6	6.429	6.375	9.934	39.1	6.775	6.718	6.255
30.2	6.064	6.013	5.595	34.7	6.437	6.383	5.942	39.2	6.782	6.725	6.262
30.3	6.073	6.021	5.603	34.8	6.445	6.391	5.949	39.3	6.789	6.732	6.269
30.4	6.081	6.030	5.611	34.9	6.453	6.399	5.957	39.4	6.797	6.740	6.276
30.5	6.090	6.038	5.619	35.0	6.461	6.407	5.964	39.5	6.804	6.747	6.283

续表

X、Y、Z	V_X	V_Y	V_Z	X、Y、Z	V_X	V_Y	V_Z	X、Y、Z	V_X	V_Y	V_Z
39.6	6.812	6.754	6.290	44.1	7.131	7.071	6.587	48.6	7.430	7.369	6.866
39.7	6.819	6.762	6.296	44.2	7.138	7.078	6.593	48.7	7.437	7.375	6.872
39.8	6.826	6.769	6.303	44.3	7.145	7.085	6.600	48.8	7.443	7.381	6.878
39.9	6.834	6.776	6.310	44.4	7.151	7.092	6.606	48.9	7.450	7.383	6.884
40.0	6.841	6.783	6.317	44.5	7.158	7.098	6.612	49.0	7.456	7.394	6.890
40.1	6.848	6.791	6.324	44.6	7.165	7.105	6.619	49.1	7.463	7.401	6.896
40.2	6.855	6.798	6.330	44.7	7.172	7.112	6.625	49.2	7.469	7.407	6.902
40.3	6.863	6.805	6.337	44.8	7.179	7.119	6.631	49.3	7.475	7.413	6.908
40.4	6.870	6.812	6.344	44.9	7.186	7.125	6.638	49.4	7.482	7.419	6.914
40.5	6.877	6.819	6.351	45.0	7.192	7.132	6.644	49.5	7.488	7.426	6.920
40.6	6.884	6.827	6.357	45.1	7.199	7.139	6.650	49.6	7.495	7.432	6.926
40.7	6.892	6.834	6.364	45.2	7.206	7.146	6.657	.49.7	7.501	7.439	6.932
40.8	6.899	6.841	6.371	45.3	7.213	7.152	6.663	49.8	7.507	7.445	6.938
40.9	6.906	6.848	6.377	45.4	7.219	7.159	6.669	49.9	7.514	7.451	6.944
41.0	6.913	6.855	6.384	45.5	7.226	7.166	6.675	50.0	7.520	7.458	6.949
41.1	6.920	6.862	6.391	45.6	7.233	7.172	6.682	50.1	7.526	7.464	6.955
41.2	6.928	6.869	6.398	45.7	7.240	7.179	6.688	50.2	7.533	7.470	9.961
41.3	6.935	6.876	6.404	45.8	7.246	7.186	6.694	50.3	7.539	7.476	6.967
41.4	6.942	6.884	6.411	45.9	7.253	7.192	6.700	50.4	7.545	7.483	6.973
41.5	6.949	6.891	6.417	46.0	7.260	7.199	6.707	50.5	7.552	7.489	6.979
41.6	6.956	6.898	6.424	46.1	7.266	7.206	6.713	50.6	7.558	7.495	6.985
41.7	6.963	6.905	6.431	46.2	7.273	7.212	6.719	50.7	7.564	7.501	6.991
41.8	6.970	6.912	6.437	46.3	7.28	7.219	6.725	50.8	7.571	7.508	6.997
41.9	6.977	6.919	6.444	46.4	7.286	7.225	6.731	50.9	7.577	7.514	7.002
42.0	6.985	6.926	6.451	46.5	7.293	7.232	6.738	51.0	7.583	7.520	7.008
42.1	6.992	6.933	6.457	46.6	7.300	7.239	6.744	51.1	7.589	7.526	7.014
42.2	6.999	6.940	6.464	46.7	7.306	7.245	6.750	51.2	7.596	7.533	7.020
42.3	7.006	6.947	6.470	46.8	7.313	7.252	6.756	51.3	7.602	7.539	7.026
42.4	7.013	6.954	6.477	46.9	7.319	7.258	6.762	51.4	7.608	7.545	7.032
42.5	7.020	6.961	6.483	47.0	7.326	7.265	6.769	51.5	7.614	7.551	7.037
42.6	7.027	6.968	6.490	47.1	7.333	7.271	6.775	51.6	7.621	7.557	7.043
42.7	7.034	6.975	6.496	47.2	7.339	7.278	6.781	51.7	7.627	7.563	7.049
42.8	7.041	6.982	6.503	47.3	7.346	7.285	6.787	51.8	7.633	7.570	7.055
42.9	7.048	6.989	6.509	47.4	7.352	7.291	6.793	51.9	7.639	7.576	7.061
43.0	7.055	6.996	6.516	47.5	7.359	7.298	6.799	52.0	7.645	7.582	7.066
43.1	7.062	7.003	6.523	47.6	7.365	7.304	6.805	52.1	7.652	7.588	7.072
43.2	7.069	7.009	6.529	47.7	7.372	7.311	6.811	52.2	7.658	7.594	7.078
43.3	7.076	7.016	6.536	47.8	7.379	7.317	6.817	52.3	7.664	7.600	7.084
43.4	7.083	7.023	6.542	47.9	7.385	7.323	6.824	52.4	7.670	7.606	7.089
43.5	7.090	7.030	6.548	48.0	7.392	7.330	6.830	52.5	7.676	7.613	7.095
43.6	7.096	7.037	6.555	48.1	7.398	7.336	6.836	52.6	7.682	7.619	7.101
43.7	7.103	7.044	6.561	48.2	7.405	7.343	6.642	52.7	7.688	7.625	7.107
43.8	7.110	7.051	6.568	48.3	7.411	7.349	6.848	52.8	7.695	7.631	7.112
43.9	7.117	7.058	6.574	48.4	7.418	7.356	6.854	52.9	7.701	7.637	7.118
44.0	7.124	7.064	6.580	48.5	7.424	7.362	6.860	53.0	7.707	7.643	7.124

X、Y、Z	V_X	V_Y	V_Z	X、Y、Z	V_X	V_Y	V_Z	X、Y、Z	V_X	V_Y	V_Z
53.1	7.713	7.649	7.130	57.6	7.980	7.982	7.380	62.1	8.234	8.167	7.618
53.2	7.719	7.655	7.135	57.7	7.986	7.920	7.385	62.2	8.240	8.172	7.623
53.3	7.725	7.661	7.141	57.8	7.992	7.926	7.390	62.3	8.245	8.178	7.628
53.4	7.731	7.667	7.147	57.9	7.998	7.932	7.396	62.4	8.251	8.183	7.633
53.5	7.737	7.673	7.152	58.0	8.003	7.938	7.401	62.5	8.256	8.189	7.638
53.6	7.743	7.679	7.158	58.1	8.009	7.943	7.407	62.6	8.262	8.194	7.643
53.7	7.749	7.685	7.164	58.2	8.015	7.949	7.412	62.7	8.267	8.200	7.648
53.8	7.755	7.691	7.169	58.3	8.021	7.955	7.417	62.8	8.273	8.205	7.654
53.9	7.762	7.697	7.175	58.4	8.026	7.960	7.423	62.9	8.278	8.210	7.659
54.0	7.768	7.703	7.181	58.5	8.032	7.966	7.428	63.0	8.284	8.216	7.664
54.1	7.774	7.709	7.186	58.6	8.038	7.972	7.433	63.1	8.289	8.221	7.669
54.2	7.780	7.715	7.192	58.7	8.044	7.978	7.439	63.2	8.294	8.227	7.674
54.3	7.786	7.721	7.197	58.8	8.049	7.983	7.444	63.3	8.300	8.232	7.679
54.4	7.792	7.727	7.203	58.9	8.055	7.994	7.449	63.4	8.305	8.237	7.684
54.5	7.798	7.733	7.209	59.0	8.061	8.000	7.455	63.5	8.311	8.243	7.689
54.6	7.804	7.739	7.214	59.1	8.066	8.006	7.460	63.6	8.316	8.248	7.694
54.7	7.810	7.745	7.220	59.2	8.072	8.011	7.465	63.7	8.322	8.254	7.699
54.8	7.816	7.751	7.225	59.3	8.078	8.017	7.471	63.8	8.327	8.259	7.705
54.9	7.822	7.757	7.231	59.4	8.083	8.023	7.476	63.9	8.332	8.264	7.710
55.0	7.828	7.763	7.237	59.5	8.089	8.028	7.481	64.0	8.338	8.270	7.715
55.1	7.834	7.769	7.242	59.6	8.095	8.034	7.487	64.1	8.343	8.275	7.720
55.2	7.839	7.775	7.248	59.7	8.100	8.034	7.492	64.2	8.348	8.280	7.725
55.3	7.845	7.781	7.253	59.8	8.106	8.039	7.497	64.3	8.354	8.286	7.730
55.4	7.851	7.787	7.259	59.9	8.112	8.045	7.503	64.4	8.359	8.291	7.735
55.5	7.857	7.792	7.264	60.0	8.117	8.051	7.508	64.5	8.365	8.296	7.740
55.6	7.863	7.798	7.270	60.1	8.123	8.056	7.513	64.6	8.370	8.302	7.745
55.7	7.869	7.804	7.276	60.2	8.129	8.062	7.518	64.7	8.375	8.307	7.750
55.8	7.875	7.810	7.281	60.3	8.134	8.067	7.524	64.8	8.381	8.312	7.755
55.9	7.881	7.816	7.287	60.4	8.140	8.073	7.529	64.9	8.318	8.318	7.760
56.0	7.887	7.822	7.292	60.5	8.145	8.079	7.534	65.0	8.323	8.323	7.765
56.1	7.893	7.828	7.298	60.6	8.151	8.084	7.539	65.1	8.328	8.323	7.770
56.2	7.899	7.833	7.303	60.7	8.157	8.090	7.545	65.2	8.331	8.331	7.775
56.3	7.905	7.839	7.309	60.8	8.162	8.095	7.550	65.3	8.339	8.339	7.780
56.4	7.910	7.845	7.314	60.9	8.168	8.101	7.555	65.4	8.341	8.341	7.785
56.5	7.916	7.851	7.320	61.0	8.173	8.106	7.560	65.5	8.349	8.349	7.790
56.6	7.922	7.857	7.325	61.1	8.179	8.112	7.563	65.6	8.355	8.355	7.795
56.7	7.928	7.863	7.331	61.2	8.184	8.117	7.571	65.7	8.360	8.360	7.800
56.8	7.934	7.868	7.336	61.3	8.190	8.123	7.576	65.8	8.365	8.365	7.805
56.9	7.940	7.874	7.341	61.4	8.196	8.128	7.581	65.9	8.370	8.370	7.810
57.0	7.945	7.880	7.347	61.5	8.201	8.134	7.585	66.0	8.444	8.376	7.815
57.1	7.951	7.886	7.352	61.6	8.207	8.139	7.592	66.1	8.450	8.381	7.820
57.2	7.957	7.892	7.358	61.7	8.212	8.145	7.597	66.2	8.455	8.386	7.825
57.3	7.963	7.897	7.363	61.8	8.218	8.150	7.602	66.3	8.460	8.391	7.830
57.4	7.969	7.903	7.369	61.9	8.223	8.156	7.607	66.4	8.466	8.397	7.835
57.5	7.975	7.909	7.374	62.0	8.229	8.161	7.612	66.5	8.471	8.402	7.840

X、Y、Z	V_X	V_Y	V_Z	X、Y、Z	V_X	V_Y	V_Z	X、Y、Z	V_X	V_Y	V_Z
66.6	8.476	8.407	7.845	71.1	8.707	8.636	8.062	75.6	8.927	8.856	8.270
66.7	8.481	8.412	7.850	71.2	8.712	8.641	8.067	75.7	8.932	8.861	8.275
66.8	8.486	8.418	7.855	71.3	8.717	8.616	8.071	75.8	8.937	8.865	8.280
66.9	8.492	8.423	7.859	71.4	8.722	8.651	8.076	75.9	8.942	8.370	8.284
67.0	8.497	8.428	7.864	71.5	8.727	8.656	8.081	76.0	8.947	8.875	8.288
67.1	8.502	8.433	7.869	71.6	8.732	8.661	8.086	76.1	8.951	8.880	8.293
67.2	8.507	8.438	7.874	71.7	8.737	8.666	8.090	76.2	8.956	8.884	8.297
67.3	8.513	8.443	7.879	71.8	8.742	8.671	8.095	76.3	8.961	8.890	8.302
67.4	8.518	8.449	7.884	71.9	8.747	8.676	8.100	76.4	8.966	8.894	8.306
67.5	8.523	8.454	7.889	72.0	8.752	8.681	8.104	76.5	8.970	8.899	8.311
67.6	8.528	8.459	7.894	72.1	8.757	8.686	8.109	76.6	8.975	8.903	8.315
67.7	8.533	8.464	7.899	72.2	8.762	8.691	8.110	76.7	8.980	8.908	8.320
67.8	8.539	8.469	7.904	72.3	8.767	8.696	8.113	76.8	8.985	8.913	8.324
67.9	8.544	8.474	7.909	72.4	8.772	8.701	8.123	76.9	8.990	8.918	8.829
68.0	8.549	8.480	7.913	72.5	8.777	8.706	8.128	77.0	8.994	8.922	8.333
68.1	8.554	8.435	7.918	72.6	8.781	8.711	8.132	77.1	8.999	8.927	8.338
68.2	8.559	8.490	7.923	72.7	8.786	8.716	8.137	77.2	9.004	8.932	8.342
68.3	8.564	8.495	7.928	72.8	8.791	8.720	8.142	77.3	9.008	8.936	8.347
68.4	8.570	8.500	7.933	72.9	8.796	8.725	8.146	77.4	9.013	8.941	8.351
68.5	8.575	8.505	7.938	73.0	8.801	8.730	8.151	77.5	9.018	8.946	8.356
68.6	8.580	8.510	7.942	73.1	8.806	8.835	8.156	77.6	9.022	8.950	8.360
68.7	8.585	8.515	7.947	73.2	8.811	8.740	8.160	77.7	9.027	8.955	8.365
68.8	8.590	8.521	7.952	73.3	8.816	8.745	8.165	77.8	9.032	8.960	8.369
68.9	8.595	8.526	7.957	73.4	8.821	8.750	8.170	77.9	9.037	8.964	8.374
69.0	8.600	8.531	7.962	73.5	8.826	8.755	8.174	78.0	9.041	8.969	8.378
69.1	8.606	8.536	7.967	73.6	8.831	8.760	8.179	78.1	9.046	8.974	8.382
69.2	8.611	8.541	7.971	73.7	8.835	8.764	8.183	78.2	9.051	8.978	8.387
69.3	8.616	8.546	7.976	73.8	8.840	8.769	8.188	78.3	9.055	8.983	8.391
69.4	8.621	8.551	7.981	73.9	8.845	8.774	8.193	78.4	9.060	8.988	8.396
69.5	8.626	8.556	7.986	74.0	8.850	8.779	8.197	78.5	9.065	8.992	8.400
69.6	8.631	8.861	7.991	74.1	8.855	8.784	8.202	78.6	9.069	8.997	8.405
69.7	8.636	8.566	7.995	74.2	8.860	8.789	8.206	78.7	9.074	9.002	8.409
69.8	8.641	8.571	8.000	74.3	8.865	8.793	8.211	78.8	9.079	9.006	8.413
69.9	8.646	8.576	8.005	74.4	8.870	8.798	8.216	78.9	9.083	9.011	8.418
70.0	8.651	8.581	8.010	74.5	8.874	8.803	8.220	79.0	9.088	9.016	8.422
70.1	8.656	8.586	8.014	74.6	8.879	8.808	8.225	79.1	9.093	9.020	8.427
70.2	8.661	8.891	8.019	74.7	8.881	8.813	8.229	79.2	9.097	9.025	8.431
70.3	8.667	8.596	8.024	74.8	8.889	8.818	8.234	79.3	9.102	9.030	8.435
70.4	8.672	8.601	8.029	74.9	8.894	8.822	8.238	79.4	9.106	9.034	8.440
70.5	8.677	8.606	8.034	75.0	8.899	8.827	8.243	79.5	9.111	9.039	8.444
70.6	8.682	8.611	8.038	75.1	8.903	8.832	8.248	79.6	9.116	9.043	8.449
70.7	8.687	8.616	8.043	75.2	8.908	8.837	8.252	79.7	9.120	9.048	8.453
70.8	8.692	8.621	8.048	75.3	8.913	8.842	8.257	79.8	9.125	9.052	8.457
70.9	8.697	8.626	8.053	75.4	8.918	8.846	8.261	79.9	9.130	9.057	8.462
71.0	8.702	8.631	8.057	75.5	8.923	8.851	8.266	80.0	9.134	9.062	8.466

续表

X,Y,Z	V_X	V_Y	V_Z	X,Y,Z	V_X	V_Y	V_Z	X,Y,Z	V_X	V_Y	V_Z
80.1	9.139	9.066	8.470	84.6	9.342	9.268	8.663	89.1	9.536	9.462	8.848
80.2	9.143	9.071	8.475	84.7	9.346	9.272	8.667	89.2	9.541	9.466	8.852
80.3	9.148	9.075	8.479	84.8	9.350	9.277	8.671	89.3	9.545	9.470	8.856
80.4	9.153	9.080	8.483	84.9	9.355	9.281	8.675	89.4	9.549	9.474	8.860
80.5	9.157	9.084	8.480	85.0	9.359	9.285	8.680	89.5	5.553	9.479	8.865
80.6	9.162	9.089	8.492	85.1	9.364	9.290	8.684	89.6	9.558	9.482	8.869
80.7	9.166	9.093	8.497	85.2	9.368	9.294	8.688	89.7	9.562	9.487	8.873
80.8	9.171	9.098	8.501	85.3	9.372	9.299	8.692	89.8	9.566	9.491	8.877
80.9	9.175	9.103	8.505	85.4	9.377	9.303	8.696	89.9	9.570	9.495	8.881
81.0	9.180	9.107	8.510	85.5	9.381	9.307	8.701	90.0	9.057	9.500	8.885
81.1	9.185	9.112	8.814	85.6	9.386	9.312	8.705	90.1	9.579	9.504	8.889
81.2	9.189	9.116	8.518	85.7	9.390	9.316	8.709	90.2	9.983	9.508	8.893
81.3	9.194	9.121	8.522	85.8	9.394	9.320	8.713	90.3	9.587	9.512	8.897
81.4	9.198	9.125	8.527	85.9	9.399	9.325	8.717	90.4	9.591	9.516	8.901
81.5	9.203	9.130	8.531	86.0	9.403	9.329	8.721	90.5	9.595	9.521	8.905
81.6	9.207	9.134	8.535	86.1	9.407	9.333	8.725	90.6	9.600	9.525	8.909
81.7	9.212	9.139	8.540	86.2	9.412	9.338	8.730	90.7	9.604	9.529	8.913
81.8	9.216	6.143	8.544	86.3	9.416	9.342	8.834	90.8	9.908	9.533	8.917
81.9	9.221	9.148	8.548	86.4	9.420	9.346	8.738	90.9	9.612	9.537	8.921
82.0	9.225	9.152	8.553	86.5	9.425	9.351	8.742	91.0	9.616	9.541	8.925
82.1	9.230	9.157	8.557	86.6	9.429	9.355	8.746	91.1	9.621	9.546	8.929
82.2	9.234	9.161	8.561	86.7	9.433	9.359	8.750	91.2	9.625	9.550	8.933
82.3	9.239	9.166	8.565	86.8	9.438	9.364	8.754	91.3	9.629	9.554	8.937
82.4	9.243	9.170	8.570	86.9	9.442	9.368	8.759	91.4	9.633	9.558	8.941
82.5	9.248	9.175	8.574	87.0	9.446	9.372	8.763	91.5	9.637	9.562	8.945
82.6	9.252	9.179	8.578	87.1	9.451	9.377	8.767	91.6	9.641	9.566	8.948
82.7	9.257	9.184	8.583	87.2	9.455	9.381	8.771	91.7	9.645	9.570	8.952
82.8	9.261	9.188	8.587	87.3	9.459	9.385	8.775	91.8	9.650	9.575	8.956
82.9	9.266	9.193	8.591	87.4	9.464	9.389	8.779	91.9	9.654	9.579	8.960
83.0	9.270	9.197	8.595	87.5	9.468	9.394	8.783	92.0	9.066	9.583	8.964
83.1	9.275	9.202	8.600	87.6	9.472	9.398	8.787	92.1	9.662	9.587	8.968
83.2	9.279	9.206	8.604	87.7	9.477	9.402	8.791	92.2	9.666	9.591	8.972
83.3	9.284	9.210	8.608	87.8	9.481	9.407	8.795	92.3	9.670	9.595	8.976
83.4	9.288	9.215	8.612	87.9	9.485	9.411	8.800	92.4	9.674	9.599	8.980
83.5	9.293	9.219	8.617	88.0	9.490	9.415	8.804	92.5	9.679	9.603	8.894
83.6	9.297	9.224	8.621	88.1	9.494	9.419	8.808	92.6	9.983	9.607	8.988
83.7	9.302	9.228	8.625	88.2	9.498	9.424	8.812	92.7	9.687	9.612	8.992
83.8	9.306	9.233	8.629	88.3	9.502	9.428	8.816	92.8	9.691	9.617	8.996
83.9	9.311	9.237	8.633	88.4	9.507	9.432	8.820	92.9	9.695	9.620	9.000
84.0	9.315	9.241	8.638	88.5	9.511	9.436	8.824	93.0	9.699	9.624	9.004
84.1	9.319	9.246	8.642	88.6	9.515	9.441	8.828	93.1	9.703	9.628	9.008
84.2	9.324	9.250	8.646	88.7	9.519	9.445	8.832	93.2	9.707	9.632	9.012
84.3	9.328	9.255	9.650	88.8	9.524	9.449	8.836	93.3	9.711	9.936	9.015
84.4	9.333	9.259	8.655	88.9	9.528	9.453	8.840	93.4	9.716	9.640	9.019
84.5	9.337	9.263	8.659	89.0	9.532	9.458	8.844	93.5	9.720	9.644	9.023

续表

X、Y、Z	V_X	V_Y	V_Z	X、Y、Z	V_X	V_Y	V_Z	X、Y、Z	V_X	V_Y	V_Z
93.6	9.724	9.648	9.027	98.1	9.904	9.828	9.200	102.6			9.367
93.7	9.728	9.652	9.031	98.2	9.908	9.832	9.204	102.7			9.370
93.8	9.732	9.656	9.035	98.3	9.912	9.836	9.207	102.8			9.374
93.9	9.736	9.660	9.039	98.4	9.916	9.840	9.211	102.9			9.378
94.0	9.740	9.664	9.043	98.5	9.920	9.844	9.215	103.0			9.381
94.1	9.744	9.669	9.047	98.6	9.924	9.847	9.219	103.1			9.385
94.2	9.748	9.673	9.051	98.7	9.928	9.851	9.222	103.2			9.389
94.3	9.752	9.677	9.054	98.8	9.932	9.855	9.226	103.3			9.392
94.4	9.756	9.681	9.058	98.9	9.936	9.859	9.230	103.4			9.396
94.5	9.760	9.685	9.062	99.0	9.939	9.863	9.234	103.5			9.400
94.6	9.764	9.689	9.066	99.1	9.943	9.867	9.237	103.6			9.403
94.7	9.768	9.693	9.070	99.2	9.947	9.871	9.241	103.7			9.407
94.8	9.773	9.697	9.074	99.3	9.951	9.875	9.245	103.8			9.410
94.9	9.777	9.701	9.078	99.4	9.955	9.879	9.249	103.9			9.414
95.0	9.781	9.705	9.082	99.5	9.959	9.883	9.253	104.0			9.418
95.1	9.785	9.709	9.085	99.6	9.963	9.886	9.256	104.1			9.421
95.2	9.789	9.713	9.089	99.7	9.967	9.890	9.260	104.2			9.425
95.3	9.793	9.717	9.093	99.8	9.970	9.894	9.264	104.3			9.428
95.4	9.797	9.721	9.097	99.9	9.974	9.898	9.267	104.4			9.432
95.5	9.801	9.725	9.101	100.0	9.978	9.902	9.271	104.5			9.436
95.6	9.805	9.729	9.105	100.1	9.982	9.906	9.275	104.6			9.439
95.7	9.809	9.733	9.109	100.2	9.986	9.910	9.279	104.7			9.443
95.8	9.813	9.737	9.113	100.3	9.990	9.913	9.282	104.8			9.446
95.9	9.817	9.741	9.116	100.4	9.994	9.917	9.286	104.9			9.450
96.0	9.821	9.745	9.120	100.5	9.998	9.921	9.290	105.0			9.454
96.1	9.825	9.749	9.124	100.6		9.925	9.293	105.1			9.457
96.2	9.829	9.753	9.128	100.7		9.929	9.297	105.2			9.461
96.3	9.833	9.757	9.132	100.8		9.933	9.301	105.3			9.464
96.4	9.837	9.761	9.135	100.9		9.936	9.304	105.4			9.468
96.5	9.841	9.765	9.139	101.0		9.940	9.308	105.5			9.471
96.6	9.845	9.769	9.143	101.1		9.944	9.312	105.6			9.475
96.7	9.849	9.773	9.147	101.2		9.948	9.316	105.7			9.479
96.8	9.853	9.777	9.151	101.3		9.952	9.319	105.8			9.482
96.9	9.857	9.781	9.154	101.4		9.956	9.323	105.9			9.486
97.0	9.861	9.785	9.158	101.5		9.959	9.327	106.0			9.489
97.1	9.865	9.789	9.162	101.6		9.963	9.330	106.1			9.493
97.2	9.869	9.793	9.166	101.7		9.967	9.334	106.2			9.496
97.3	9.873	9.796	9.170	101.8		9.971	9.338	106.3			9.500
97.4	9.877	9.800	9.173	101.9		9.975	9.341	106.4			9.504
97.5	9.880	9.804	9.177	102.0		9.978	9.345	106.5			9.507
97.6	9.884	9.808	9.181	102.1		9.982	9.346	106.6			9.511
97.7	9.888	9.812	9.185	102.2		9.986	9.352	106.7			9.514
97.8	9.892	9.816	9.189	102.3		9.990	9.356	106.8			9.518
97.9	9.896	9.820	9.192	102.4		9.994	9.360	106.9			9.521
98.0	9.900	9.824	9.196	102.5		9.997	9.363	107.0			9.525

续表

X、Y、Z	V_X	V_Y	V_Z	X、Y、Z	V_X	V_Y	V_Z	X、Y、Z	V_X	V_Y	V_Z
107.1			9.528	111.6			9.685	116.1			9.836
107.2			9.532	111.7			9.688	116.2			9.839
107.3			9.535	111.8			9.691	116.3			9.843
107.4			9.539	111.9			9.695	116.4			9.846
107.5			9.542	112.0			9.698	116.5			9.849
107.6			9.546	112.1			9.702	116.6			9.853
107.7			9.549	112.2			9.705	116.7			9.856
107.8			9.553	112.3			9.708	116.8			9.859
107.9			9.556	112.4			9.712	116.9			9.862
108.0			9.560	112.5			9.715	117.0			9.866
108.1			9.563	112.6			9.719	117.1			9.869
108.2			9.567	112.7			9.722	117.2			9.872
108.3			9.570	112.8			9.725	117.3			9.876
108.4			9.574	112.9			9.729	117.4			9.879
108.5			9.577	113.0			9.732	117.5			9.882
108.6			9.581	113.1			9.736	117.6			9.885
108.7			9.584	113.2			9.739	117.7			9.889
108.8			9.588	113.3			9.742	117.8			9.892
108.9			9.591	113.4			9.746	117.9			9.895
109.0			9.595	113.5			9.749	118.0			9.899
109.1			9.598	113.6			9.752	118.1			9.902
109.2			9.602	113.7			9.756	118.2			9.905
109.3			9.605	113.8			9.759	118.3			9.908
109.4			9.609	113.9			9.763	118.4			9.912
109.5			9.612	114.0			9.766	118.5			9.915
109.6			9.616	114.1			9.769	118.6			9.918
109.7			9.619	114.2			9.776	118.7			9.921
109.8			9.623	114.3			9.776	118.8			9.925
109.9			9.627	114.4			9.779	118.9			9.928
110.0			9.930	114.5			9.783	119.0			9.931
110.1			9.633	114.6			9.786	119.1			9.934
110.2			9.636	114.7			9.789	119.2			9.938
110.3			9.640	114.8			9.793	119.3			9.941
110.4			9.643	114.9			9.796	119.4			9.944
110.5			9.647	115.0			9.799	119.5			9.947
110.6			9.650	115.1			9.803	119.6			9.951
110.7			9.654	115.2			9.806	119.7			9.954
110.8			9.657	115.3			9.809	119.8			9.957
110.9			9.661	115.4			9.813	119.9			9.960
111.0			9.664	115.5			9.816	120.0			9.964
111.1			9.667	115.6			9.819	120.1			9.967
111.2			9.671	115.7			9.823	120.2			9.970
111.3			9.674	115.8			9.826	120.3			9.973
111.4			9.678	115.9			9.829	120.4			9.976
111.5			9.681	116.0			9.833	120.5			9.980

X、Y、Z	V_X	V_Y	V_Z	X、Y、Z	V_X	V_Y	V_Z	X、Y、Z	V_X	V_Y	V_Z
120.6			9.983	120.8			9.989	121.0				9.996
120.7			9.986	120.9			9.993	121.1				9.999

附录七　CIE 1931 色度图标准照明体 A、B、C、E 恒定主波长线的斜率

A $x_0=0.4476$, $y_0=0.4075$		B $x_0=0.3485$, $y_0=0.3517$		λ /nm	C $x_0=0.3101$, $y_0=0.3163$		D $x_0=0.3333$, $y_0=0.3333$	
$\dfrac{x-x_w}{y-y_w}$	$\dfrac{y-y_w}{x-x_w}$	$\dfrac{x-x_w}{y-y_w}$	$\dfrac{y-y_w}{x-x_w}$		$\dfrac{x-x_w}{y-y_w}$	$\dfrac{y-y_w}{x-x_w}$	$\dfrac{x-x_w}{y-y_w}$	$\dfrac{y-y_w}{x-x_w}$
0.6795		0.50303		380	0.43688		0.48508	
0.67954		0.50307		381	0.43693		0.48513	
0.67957		0.50311		382	0.43698		0.48517	
0.67963		0.50319		383	0.43706		0.48525	
0.67968		0.50326		384	0.43714		0.48532	
0.67972		0.5033		385	0.43719		0.48537	
0.67980		0.50340		386	0.43731		0.48548	
0.67986		0.50347		387	0.43739		0.48555	
0.67991		0.50355		388	0.43747		0.48563	
0.68000		0.50365		389	0.43759		0.48574	
0.68008		0.50375		390	0.43770		0.48584	
0.68016		0.50385		391	0.43782		0.48595	
0.68024		0.50395		392	0.43793		0.48606	
0.68035		0.50408		393	0.43808		0.48620	
0.68046		0.50421		394	0.43822		0.48633	
0.68052		0.5043		395	0.43832		0.48643	
0.68066		0.50445		396	0.43850		0.48659	
0.68076		0.50458		397	0.43865		0.48673	
0.68087		0.50471		398	0.43879		0.48687	
0.68102		0.50489		399	0.43899		0.48705	
0.68115		0.50504		400	0.43917		0.48722	
0.68130		0.50522		401	0.43936		0.48740	
0.68143		0.50538		402	0.43954		0.48757	
0.68157		0.50553		403	0.43971		0.48774	
0.68171		0.50571		404	0.43991		0.48792	
0.68189		0.50591		405	0.44013		0.48813	
0.68202		0.50607		406	0.44031		0.48830	
0.68222		0.50630		407	0.44057		0.48854	
0.68241		0.50651		408	0.44081		0.48877	
0.68265		0.50679		409	0.44111		0.48906	

A $x_0=0.4476$, $y_0=0.4075$		B $x_0=0.3485$, $y_0=0.3517$		λ /nm	C $x_0=0.3101$, $y_0=0.3163$		D $x_0=0.3333$, $y_0=0.3333$	
$\dfrac{x-x_\mathrm{w}}{(y-y_\mathrm{w})}$	$\dfrac{y-y_\mathrm{w}}{(x-x_\mathrm{w})}$	$\dfrac{x-x_\mathrm{w}}{(y-y_\mathrm{w})}$	$\dfrac{y-y_\mathrm{w}}{(x-x_\mathrm{w})}$		$\dfrac{x-x_\mathrm{w}}{(y-y_\mathrm{w})}$	$\dfrac{y-y_\mathrm{w}}{(x-x_\mathrm{w})}$	$\dfrac{x-x_\mathrm{w}}{(y-y_\mathrm{w})}$	$\dfrac{y-y_\mathrm{w}}{(x-x_\mathrm{w})}$
0.6829		0.5071		410	0.4414		0.4893	
0.6831		0.5074		411	0.4417		0.4897	
0.6834		0.5076		412	0.4421		0.4900	
0.6836		0.5079		413	0.4424		0.4903	
0.6839		0.5082		414	0.4427		0.4906	
0.6841		0.5085		415	0.4430		0.4909	
0.6846		0.5089		416	0.4435		0.4913	
0.6848		0.5092		417	0.4438		0.4916	
0.6855		0.5100		418	0.4446		0.4924	
0.6857		0.5102		419	0.4449		0.4927	
0.6864		0.5110		420	0.4457		0.4935	
0.6870		0.5117		421	0.4465		0.4942	
0.6877		0.5124		422	0.4473		0.4950	
0.6886		0.5133		423	0.4482		0.4959	
0.6892		0.5140		424	0.4490		0.4966	
0.6903		0.5152		425	0.4502		0.4979	
0.6914		0.5163		426	0.4515		0.4991	
0.6923		0.5172		427	0.4524		0.5000	
0.6933		0.5184		428	0.4537		0.5012	
0.6944		0.5196		429	0.4550		0.5024	
0.6957		0.5209		430	0.4564		0.5038	
0.6972		0.5225		431	0.4581		0.5055	
0.6988		0.5241		432	0.4598		0.5072	
0.7000		0.5254		433	0.4613		0.5086	
0.7020		0.5275		434	0.4635		0.5108	
0.7037		0.5293		435	0.4654		0.5126	
0.7056		0.5314		436	0.4676		0.5148	
0.7074		0.5332		437	0.4695		0.5167	
0.7095		0.5354		438	0.4719		0.5190	
0.7115		0.5375		439	0.4742		0.5212	
0.7141		0.5402		440	0.4771		0.5240	
0.7165		0.5428		441	0.4798		0.5267	
0.7191		0.5455		442	0.4827		0.5296	
0.7215		0.5481		443	0.4855		0.5323	
0.7244		0.5511		444	0.4888		0.5354	
0.7277		0.5546		445	0.4926		0.5391	
0.7310		0.5581		446	0.4964		0.5428	
0.7344		0.5617		447	0.5002		0.5465	
0.7382		0.5657		448	0.5045		0.5507	
0.7424		0.5702		449	0.5094		0.5555	
0.7465		0.5746		450	0.5141		0.5600	
0.7508		0.5791		451	0.5190		0.5648	

续表

A $x_0=0.4476,$ $y_0=0.4075$		B $x_0=0.3485,$ $y_0=0.3517$		λ /nm	C $x_0=0.3101,$ $y_0=0.3163$		D $x_0=0.3333,$ $y_0=0.3333$	
$\dfrac{x-x_w}{(y-y_w)}$	$\dfrac{y-y_w}{(x-x_w)}$	$\dfrac{x-x_w}{(y-y_w)}$	$\dfrac{y-y_w}{(x-x_w)}$		$\dfrac{x-x_w}{(y-y_w)}$	$\dfrac{y-y_w}{(x-x_w)}$	$\dfrac{x-x_w}{(y-y_w)}$	$\dfrac{y-y_w}{(x-x_w)}$
0.7556		0.5842		452	0.5244		0.5701	
0.7602		0.5891		453	0.5297		0.5753	
0.7655		0.5947		454	0.5358		0.5811	
0.7708		0.6003		455	0.5149		0.5871	
0.7766		0.6065		456	0.5486		0.5935	
0.7826		0.6129		457	0.5555		0.6003	
0.7894		0.6201		458	0.5633		0.6079	
0.7963		0.6273		459	0.5711		0.6155	
0.8036		0.6351		460	0.5796		0.6236	
0.8110		0.6429		461	0.5881		0.6319	
0.8192		0.6516		462	0.5975		0.6410	
0.8281		0.6611		463	0.6078		0.6510	
0.8382		0.6717		464	0.6192		0.6622	
0.8490		0.6831		465	0.6317		0.6743	
0.8610		0.6958		466	0.6455		0.6877	
0.8747		0.7103		467	0.6612		0.7030	
0.8899		0.7263		468	0.6788		0.7200	
0.9062		0.7435		469	0.6976		0.7382	
0.9251		0.7635		470	0.7195		0.7594	
0.9455		0.7852		471	0.7434		0.7825	
0.9682		0.8094		472	0.7702		0.8084	
0.9934	1.0066	0.8364		473	0.8002		0.8372	
1.0217	0.9788	0.8669		474	0.8342		0.8699	
		0.9488	0.9018	475	0.8736		0.9075	
		0.9168	0.9421	476	0.9193		0.9510	1.0515
0.8832		0.9879	1.0122	477	0.9719	1.0289	1.0009	0.9991
0.8479		1.0405	0.9611	478	1.0328	0.9682		0.9449
0.8107			0.9076	479		0.9050		0.8883
0.7713			0.8515	480		0.3891		0.8290
0.7296			0.7927	481		0.7705		0.7670
0.6863			0.7322	482		0.7002		0.7033
0.6410			0.6695	483		0.6277		0.6374
0.5943			0.6056	484		0.5543		0.5704
0.5458			0.5397	485		0.4789		0.5013
0.4953			0.4717	486		0.4015		0.4302
0.4433			0.4023	487		0.3227		0.3577
0.3899			0.3315	488		0.2428		0.2838
0.3353			0.2596	489		0.1619		0.2089
0.2797			0.1871	490		0.0805		0.1333
0.2224			0.1127	491		−0.0026		0.056
0.1638			0.0371	492		−0.0869		−0.0225
0.1051			−0.0382	493		−0.1706		−0.1008

续表

A $x_0=0.4476$, $y_0=0.4075$		B $x_0=0.3485$, $y_0=0.3517$		λ /nm	C $x_0=0.3101$, $y_0=0.3163$		D $x_0=0.3333$, $y_0=0.3333$	
$\dfrac{x-x_w}{y-y_w}$	$\dfrac{y-y_w}{x-x_w}$	$\dfrac{x-x_w}{y-y_w}$	$\dfrac{y-y_w}{x-x_w}$		$\dfrac{x-x_w}{y-y_w}$	$\dfrac{y-y_w}{x-x_w}$	$\dfrac{x-x_w}{y-y_w}$	$\dfrac{y-y_w}{x-x_w}$
	0.0464		−0.1131	494		−0.2537		−0.1785
	−0.0123		−0.1877	495		−0.3364		−0.2559
	−0.0708		−0.2619	496		0.4185		0.3329
	−0.1287		−0.3350	497		0.4993		0.4087
	−0.1860		−0.4074	498		0.5793		0.4838
	−0.2423		−0.4784	499		0.6579		0.5574
	−0.2979		−0.5486	500		−0.7357		−0.6304
	0.3519		0.6169	501		0.8114		0.7013
	0.4050		0.6842	502		0.8863		0.7714
	0.4569		0.7504	503	−1.0415	0.9601		0.8403
	0.5075		0.8153	504	0.0968	−1.0330		0.9081
	−0.5574		−0.8796	505	−0.9046		−1.0252	−0.9754
	0.6062	−1.0601	0.9433	506	0.8490		0.9594	−1.0423
	0.6539	0.9939	−1.0061	507	0.8002		0.9021	
	0.7006	0.9359		508	0.7567		0.8516	
	0.7459	0.8850		509	0.7178		0.8068	
	−0.7902	−0.8396		510	−0.6826		−0.7666	
	0.8329	0.7992		511	0.6507		0.7304	
	0.8742	0.7629		512	0.6216		0.6977	
	0.9143	0.7298		513	0.5947		0.6677	
	0.9530	0.6998		514	0.5699		0.6403	
−1.0104	−0.9897	−0.6726		515	−0.5471		−0.6153	
0.9767	−1.0239	0.6483		516	0.5263		0.5928	
0.9473		0.6262		517	0.5072		0.5722	
0.9208		0.6057		518	0.4890		0.5528	
0.8969		0.5865		519	0.4718		0.5347	
−0.8757		−0.5688		520	−0.4557		−0.5178	
0.8568		0.5522		521	0.4403		0.5019	
0.8399		0.5368		522	0.4258		0.4870	
0.8244		0.5221		523	0.4117		0.4726	
0.8101		0.5079		524	0.3979		0.4587	
−0.7963		−0.4938		525	−0.3842		−0.4448	
0.7833		0.4802		526	0.3708		0.4313	
0.7704		0.4664		527	0.3572		0.4177	
0.7583		0.4531		528	0.3439		0.4045	
0.7467		0.4398		529	0.3306		0.3913	
−0.7352		−0.4267		530	−0.3174		−0.3782	
0.7240		0.4137		531	0.3043		0.3652	
0.7129		0.4008		532	0.2913		0.3523	
0.7021		0.3879		533	0.2782		0.3394	
0.6913		0.3749		534	0.2650		0.3264	
−0.6808		−0.3619		535	−0.2519		−0.3135	

续表

A $x_0=0.4476$, $y_0=0.4075$		B $x_0=0.3485$, $y_0=0.3517$		λ /nm	C $x_0=0.3101$, $y_0=0.3163$		D $x_0=0.3333$, $y_0=0.3333$	
$\dfrac{x-x_w}{(y-y_w)}$	$\dfrac{y-y_w}{(x-x_w)}$	$\dfrac{x-x_w}{(y-y_w)}$	$\dfrac{y-y_w}{(x-x_w)}$		$\dfrac{x-x_w}{(y-y_w)}$	$\dfrac{y-y_w}{(x-x_w)}$	$\dfrac{x-x_w}{(y-y_w)}$	$\dfrac{y-y_w}{(x-x_w)}$
0.6704		0.3490		536	0.2386		0.3005	
0.6598		0.3357		537	0.2252		0.2872	
0.6493		0.3223		538	0.2114		0.2737	
0.6389		0.3088		539	0.1977		0.2602	
−0.6286		−0.2953		540	−0.1838		−0.2466	
0.6179		0.2812		541	0.1694		0.2325	
0.6073		0.2671		542	0.1548		0.2182	
0.5962		0.2523		543	0.1397		0.2034	
0.5851		0.2373		544	0.1243		0.1884	
−0.5739		−0.2220		545	−0.1086		−0.1729	
0.5625		0.2063		546	−0.0926		0.1573	
0.5504		0.1899		547	−0.0759		0.1409	
0.5381		0.1730		548	−0.0586		0.1239	
0.5257		0.1558		549	−0.0410		0.1067	
−0.5126		−0.1377		550	−0.0226		−0.0886	
0.4989		−0.1189		551	−0.0035		−0.0698	
0.4849		−0.0996		552	0.0160		−0.0506	
0.4700		−0.0792		553	0.0365		−0.0304	
0.4547		−0.0583		554	0.0575		−0.0096	
−0.4387		−0.0365		555	0.0794		0.0120	
0.4217		−0.0133		556	0.1025		0.0348	
0.4036		0.0109		557	0.1265		0.0587	
0.3847		0.0359		558	0.1512		0.833	
0.3644		0.0626		559	0.1774		0.1094	
−0.3433		0.0902		560	0.2044		0.1346	
0.3210		0.1193		561	0.2327		0.1647	
0.2966		0.1503		562	0.2627		0.1949	
0.2708		0.1826		563	0.2938		0.2261	
0.2433		0.2168		564	0.3264		0.2591	
−0.2136		0.2530		565	0.3608		0.2939	
−0.1816		0.2915		566	0.3969		0.3307	
−0.1469		0.3323		567	0.4350		0.3695	
−0.1092		0.3757		568	0.4752		0.4107	
−0.0681		0.4221		569	0.5177		0.4544	
−0.0238		0.4709		570	0.5621		0.5002	
0.0242		0.5227		571	0.6086		0.5485	
0.780		0.5788		572	0.6585		0.6005	
0.1377		0.6394		573	0.7119		0.6564	
0.2033		0.7039		574	0.7679		0.7154	
0.2768		0.7733		575	0.8274		0.7784	
0.3588		0.8479		576	0.8904		0.8456	
0.4521		0.9290	1.0764	577	0.9580	1.0439	0.9180	

A $x_0=0.4476$, $y_0=0.4075$		B $x_0=0.3485$, $y_0=0.3517$		λ /nm	C $x_0=0.3101$, $y_0=0.3163$		D $x_0=0.3333$, $y_0=0.3333$	
$\dfrac{x-x_w}{(y-y_w)}$	$\dfrac{y-y_w}{(x-x_w)}$	$\dfrac{x-x_w}{(y-y_w)}$	$\dfrac{y-y_w}{(x-x_w)}$		$\dfrac{x-x_w}{(y-y_w)}$	$\dfrac{y-y_w}{(x-x_w)}$	$\dfrac{x-x_w}{(y-y_w)}$	$\dfrac{y-y_w}{(x-x_w)}$
0.5574		1.0162	0.9841	578	1.0294	0.9714	0.9952	1.0048
0.6791			0.9886	579		0.9039	1.0788	0.9269
0.8205			0.8226	580		0.8414		0.8554
0.9862	1.0140		0.7521	581		0.7833		0.7894
1.1818	0.8462		0.6877	582		0.7295		0.7289
	0.7053		0.6285	583		0.6793		0.6729
	0.5853		0.5737	584		0.6322		0.6207
	0.4825		0.5232	585		0.5884		0.5724
	0.3936		0.4765	586		0.5475		0.5276
	0.3157		0.4332	587		0.5091		0.4857
	0.2463		0.3925	588		0.4727		0.4463
	0.1859		0.3552	589		0.4392		0.4101
	0.1309		0.3198	590		0.4070		0.3755
	0.0817		0.2869	591		0.3769		0.3433
	0.0381		0.2566	592		0.3490		0.3136
	0.0021		0.2277	593		0.3222		0.2852
	0.0380		0.2011	594		0.2974		0.2589
	−0.0708		0.1761	595		0.2739		0.2341
	−0.1004		0.1530	596		0.2521		0.2112
	−0.1270		0.1316	597		0.2328		0.1899
	−0.1516		0.1114	598		0.2125		0.1698
	−0.1744		0.0923	599		0.1943		0.1508
	−0.1951		0.0747	600		0.1773		0.1332
	0.2148		0.0576	601		0.1609		0.1161
	0.2326		0.0418	602		0.1455		0.1002
	0.2497		0.0264	603		0.1306		0.0847
	0.2654		0.122	604		0.1167		0.0704
	−0.2797		−0.0010	605		0.1038		0.0572
	0.2926		−0.132	606		0.0918		0.0449
	0.6051		−0.0251	607		0.0802		0.0329
	0.3166		−0.0360	608		0.0693		0.0218
	0.3271		−0.0462	609		0.0593		0.0115
	−0.3368		−0.0558	610		0.0498		0.0018
	0.3461		0.0649	611		0.0407		−0.0075
	0.3549		0.0736	612		0.0321		−0.0162
	0.3628		0.0815	613		0.0241		−0.0243
	0.3703		0.0891	614		0.0166		−0.0320
	−0.3776		−0.0965	615		0.0092		−0.0395
	0.3843		0.1033	616		0.0024		0.0464
	0.3902		0.1094	617		−0.0037		0.0526
	0.3961		0.1154	618		−0.0098		0.0588
	0.4016		0.1211	619		−0.0156		0.0646

续表

A $x_0=0.4476$, $y_0=0.4075$		B $x_0=0.3485$, $y_0=0.3517$		λ /nm	C $x_0=0.3101$, $y_0=0.3163$		D $x_0=0.3333$, $y_0=0.3333$	
$\dfrac{x-x_w}{(y-y_w)}$	$\dfrac{y-y_w}{(x-x_w)}$	$\dfrac{x-x_w}{(y-y_w)}$	$\dfrac{y-y_w}{(x-x_w)}$		$\dfrac{x-x_w}{(y-y_w)}$	$\dfrac{y-y_w}{(x-x_w)}$	$\dfrac{x-x_w}{(y-y_w)}$	$\dfrac{y-y_w}{(x-x_w)}$
	−0.4067		−0.1265	620		−0.0210		−0.0701
	0.4111		0.1313	621		0.0258		0.0750
	0.4157		0.1361	622		0.0306		0.0798
	0.4199		0.1405	623		0.0351		0.0844
	0.4238		0.1447	624		0.0394		0.0886
	−0.4277		−0.1488	625		−0.0435		−0.0929
	0.4313		0.1527	626		0.0474		0.0968
	0.4346		0.1562	627		0.0511		0.1005
	0.4377		0.1596	628		0.0544		0.1038
	0.4409		0.1631	629		0.0580		0.1074
	−0.4437		−0.1661	630		−0.0611		0.1105
	0.4465		0.1691	631		0.0641		0.1136
	0.4492		0.1721	632		0.0672		0.1167
	0.4517		0.1748	633		0.0700		0.1195
	0.4542		0.1776	634		0.0727		0.1223
	−0.4565		−0.1800	635		−0.0753		−0.1248
	0.4587		0.1825	636		0.0778		0.1273
	0.4607		0.1847	637		0.0800		0.1296
	0.4627		0.1869	638		0.0823		0.1319
	0.4647		0.1891	639		0.0846		0.1341
	−0.4665		−0.1911	640		−0.0866		−0.1362
	0.4682		0.1931	641		0.0886		0.1382
	0.4696		0.1947	642		0.0903		−0.1399
	0.4712		0.1965	643		0.0921		0.1417
	0.4725		0.1980	644		0.0936		0.1432
	−0.4739		−0.1995	645		−0.0952		−0.1448
	0.4752		0.2010	646		0.0967		0.1463
	0.4763		0.2022	647		0.0980		0.1476
	0.4775		0.2035	648		0.0993		0.1489
	0.4786		0.2048	649		0.1006		0.1502
	−0.4795		−0.2058	650		−0.1017		−0.1513
	0.4805		0.2069	651		0.1028		0.1524
	0.4814		0.2079	652		0.1039		0.1535
	0.4821		0.2088	653		0.1047		0.1543
	0.4831		0.2098	654		0.1058		0.1554
	−0.4838		−0.2106	655		−0.1066		−0.1562
	0.4845		0.2115	656		0.1075		0.1571
	0.4851		0.2121	657		0.1081		0.1577
	0.4858		0.2129	658		0.1090		0.1586
	0.4864		0.2135	659		0.1096		0.1592
	−0.4869		−0.2142	660		−0.1103		−0.1599
	0.4873		0.2146	661		0.1107		0.1603

A $x_0=0.4476$, $y_0=0.4075$		B $x_0=0.3485$, $y_0=0.3517$		λ /nm	C $x_0=0.3101$, $y_0=0.3163$		D $x_0=0.3333$, $y_0=0.3333$	
$\dfrac{x-x_w}{(y-y_w)}$	$\dfrac{y-y_w}{(x-x_w)}$	$\dfrac{x-x_w}{(y-y_w)}$	$\dfrac{y-y_w}{(x-x_w)}$		$\dfrac{x-x_w}{(y-y_w)}$	$\dfrac{y-y_w}{(x-x_w)}$	$\dfrac{x-x_w}{(y-y_w)}$	$\dfrac{y-y_w}{(x-x_w)}$
	0.4878		0.2152	662		0.1113		0.1609
	0.4882		0.2156	663		0.1117		0.1613
	0.4885		0.2160	664		0.1122		0.1618
	−0.4889		−0.2164	665		−0.1126		−0.1622
	0.4892		0.2168	666		0.1130		0.1626
	0.4896		0.2172	667		0.1134		0.1630
	0.4900		0.2176	668		0.1139		0.1634
	0.4901		0.2178	669		0.1141		0.1637
	−0.1905		−0.2183	670		−0.1145		−0.1641
	0.4907		0.2185	671		0.1147		0.1643
	0.4910		0.2189	672		0.1151		0.1647
	0.4912		0.2191	673		0.1153		0.1649
	0.4916		0.2195	674		0.1157		0.1653
	−0.4918		−0.2197	675		−0.1159		−0.1655
	0.4921		0.2201	676		0.1164		0.1660
	0.4923		0.2203	677		0.1166		0.1662
	0.4925		0.2205	678		0.1168		0.1664
	0.4928		0.2209	679		0.1172		0.1668
	−0.49300		−0.22110	680		−0.11741		−0.16700
	0.49321		0.22134	681		0.11766		0.16725
	0.49343		0.22158	682		0.11791		0.16750
	0.49362		0.22180	683		0.11814		0.16773
	0.49382		0.22203	684		0.11837		0.16796
	−0.49401		−0.22225	685		−0.11860		−0.16819
	0.49419		0.22245	686		0.11810		0.16839
	0.49435		0.22263	687		0.11899		0.16858
	0.49451		0.22281	688		0.11918		0.16877
	0.49465		0.22297	689		0.11935		0.16893
	−0.49477		−0.22311	690		−0.11949		−0.16908
	0.49488		−0.22324	691		0.11962		−0.16920
	0.49496		0.22334	692		0.11972		0.16931
	0.49503		0.22342	693		0.11980		0.16939
	0.49510		0.22350	694		0.11987		0.16947
	−0.49514		−0.22354	695		−0.11993		−0.16951
	0.49519		0.22360	696		0.11999		0.16957
	0.49521		0.22362	697		0.12001		0.16960
	0.49523		0.22364	698		0.12003		0.16962
	−0.49525		−0.22366	699		−0.12005		−0.16964

参 考 文 献

［1］ 倪玉德. 涂料制造技术. 北京：化学工业出版社，2003.

［2］ 张红鸣，徐捷. 工业产品着色与配色技术. 北京：中国轻工业出版社，1999.

［3］ 徐海松. 颜色信息工程. 杭州：浙江大学出版社，2005.

［4］ 董振礼，郑宝海，轵桂芬. 测色与电子计算机配色. 北京：中国纺织出版社，1996.

［5］ 薛朝华. 颜色科学与计算机测色配色实用技术. 北京：化学工业出版社，2004.

［6］ ［美］ROY BERNS S. 颜色技术原理. 吴立峰译. 北京：化学工业出版社，2002.